Dopamina

Divulgación
Psicología

Biografías

El doctor Daniel Z. Lieberman es profesor y vicepresidente del departamento de psiquiatría y ciencias del comportamiento de la Universidad George Washington. Es miembro de la Asociación Americana de Psiquiatría, ha recibido el Premio de Investigación de la Fundación Caron y ha publicado más de medio centenar de informes científicos sobre ciencias del comportamiento. Ha colaborado en el campo de la psiquiatría con el Departamento de Salud y Servicios Humanos y el Departamento de Comercio y con la Oficina de Política de Drogas y Alcohol del gobierno de Estados Unidos. Lieberman se licenció en Medicina y completó su formación psiquiátrica en la Universidad de Nueva York.

Michael E. Long, físico de formación, es un premiado guionista, dramaturgo y escritor de discursos.

Daniel Z. Lieberman
y Michael E. Long

Dopamina

*Cómo una molécula condiciona de quién
nos enamoramos, con quién nos acostamos,
por quién votamos y qué nos depara el futuro*

Traducción de María Eugenia Santa Coloma

ⓟ PAIDÓS

Obra editada en colaboración con Editorial Planeta – España

Título original: *The molecule of more. How a Single Chemical in Your Brain Drives Love, Sex, and Creativity—and Will Determine the Fate of the Human Race*

Copyright © 2018 by Daniel Z. Lieberman, MD, and Michael E. Long

First Published by BenBella Books, Inc.
Translation rights arranged by Harvey Klinger, Inc. and Sandra Bruna Agencia Literaria, SL. All rights reserved.

© de la traducción del inglés, María Eugenia Santa Coloma, 2021
Corrección: Jaime Moreno Delgado
Maria García - fotocomposición

© 2021, Edicions 62, S.A. – Barcelona, España

Derechos reservados

© 2025, Ediciones Culturales Paidós, S.A. de C.V.
Bajo el sello editorial PAIDÓS M.R.
Avenida Presidente Masarik núm. 111,
Piso 2, Polanco V Sección, Miguel Hidalgo
C.P. 11560, Ciudad de México
www.planetadelibros.com.mx
www.paidos.com.mx

Primera edición impresa en España: octubre de 2021
ISBN: 978-84-1100-010-9

Primera edición impresa en México en Booket: septiembre de 2025
ISBN: 978-607-639-069-6

Impreso en los talleres de Litográfica Ingramex, S.A. de C.V.
Centeno núm. 162-1, colonia Granjas Esmeralda, Ciudad de México
Impreso en México - *Printed in Mexico*

Para Sam y Zach,
quienes me abren los ojos para que vea el mundo de otro modo.
DANIEL Z. LIEBERMAN

Para papá,
que se lo habría contado a todos aunque no quisieran oírlo; y

para Kent,
que se marchó justo cuando las cosas se ponían interesantes.
MICHAEL E. LONG

ÍNDICE

En el principio creó Dios los cielos y la tierra.

Introducción
ARRIBA VS. ABAJO

Mira hacia abajo. ¿Qué ves? Las manos, la mesa, el suelo, tal vez una taza de café, o un portátil o un periódico. ¿Qué tienen en común? Son objetos que puedes tocar. Lo que ves cuando miras hacia abajo son cosas que están a tu alcance, cosas que puedes controlar ahora mismo, cosas que puedes mover y manipular sin planearlo, esforzarte o pensar. Tanto si se deben a tu trabajo, a la amabilidad de los demás o sencillamente a la buena suerte, gran parte de lo que ves cuando miras hacia abajo es tuyo. Son cosas que posees.

Ahora mira hacia arriba. ¿Qué ves? El techo, quizá cuadros en la pared, o cosas por la ventana: árboles, casas, edificios, nubes en el cielo; cualquier cosa que está lejos. ¿Qué tienen en común? Para alcanzarlos, tienes que planear, pensar, calcular. Aunque solo sea un poco, pese a todo exige algo de esfuerzo coordinado. A diferencia de lo que vemos cuando miramos hacia abajo, el ámbito de arriba nos muestra cosas en las que tenemos que pensar y trabajar para obtenerlas.

Parece sencillo porque lo es. Sin embargo, para el cerebro, esta distinción es la puerta entre dos modos sumamente distintos de pensar, dos modos muy diferentes de lidiar con el mundo. En el cerebro, el mundo de abajo está dirigido por un puñado de sustancias químicas, los llamados neurotransmisores, que hacen que sientas satisfacción y disfrutes de lo que tienes aquí y ahora. Pero cuando prestas atención al mundo de arriba, el cerebro cuenta con la ayuda de una sustancia química distinta, una única molécula, que no solo deja que te muevas más allá del ámbito que tienes a tu alcance, sino que también te motiva a perseguir, controlar y poseer el mundo que está fuera de tu alcance inmediato. Te impulsa a buscar esas cosas lejanas, tanto físicas como las que no puedes ver, como el conocimiento, el amor y el poder. Ya sea extender la mano para llegar al salero en la mesa, viajar a la Luna en una nave espacial o adorar a un dios allende el espacio y el tiempo, esta sustancia química nos permite dominar todas las distancias, tanto geográficas como intelectuales.

Esas sustancias químicas *de abajo* —las llamamos del «aquí y ahora»— te permiten notar lo que tienes delante de ti. Hacen que puedas saborear y disfrutar, o quizá luchar o escapar, ahora mismo. La sustancia química *de arriba* es distinta. Te hace desear lo que aún no tienes y te impulsa a buscar cosas nuevas. Te recompensa cuando la obedeces y te hace sufrir en caso contrario. Es la fuente de la creatividad y, más lejos en el espectro, de la locura; es la clave para la adicción y la vía para la recuperación;

es el pedacito de biología que hace que un ejecutivo ambicioso lo sacrifique todo en busca del triunfo, que los actores, los empresarios y los artistas de éxito sigan trabajando mucho después de conseguir todo el dinero y la fama que siempre habían soñado, y que un marido o una esposa contentos arriesguen todo al ilusionarse por otra persona. Es la fuente del innegable gusanillo que lleva a los científicos a encontrar explicaciones y a los filósofos a encontrar el orden, la razón y el sentido.

Por eso miramos al cielo buscando redención y a Dios; por eso el cielo está arriba y la tierra está abajo. Es el combustible para el motor de nuestros sueños; es la fuente de nuestra desesperación cuando fracasamos. Por eso buscamos y triunfamos; por eso descubrimos y prosperamos.

Por eso no nos dura mucho la felicidad.

Para el cerebro, esta única molécula es el principal mecanismo polivalente, y nos insta, por medio de miles de procesos neuroquímicos, a dejar atrás el placer de la mera existencia y explorar el universo de posibilidades que llegan cuando las imaginamos. Todos los mamíferos, los reptiles, las aves y los peces tienen esta sustancia química en el cerebro, pero ninguno tiene tanta como el ser humano. Es una bendición y una maldición, una motivación y una recompensa. Carbono, hidrógeno, oxígeno y un átomo de nitrógeno; es simple en la forma y compleja en el resultado. Es la dopamina, y cuenta nada menos que la historia de la conducta humana.

Y si quieres sentirla en este momento, si quieres ponerla al mando, puedes hacerlo.

Mira hacia arriba.

🐝 NOTA DE LOS AUTORES 🐝

Hemos llenado este libro de los experimentos científicos más interesantes que hemos podido encontrar. Aun así, algunas partes son especulativas, sobre todo en los últimos capítulos. Además, en algunos puntos hemos simplificado en exceso para facilitar la comprensión del material. El cerebro es tan complejo que incluso el neurocientífico más meticuloso debe simplificar para elaborar un modelo del cerebro que pueda entenderse. La ciencia también es complicada. A veces, los estudios se contradicen entre sí, y se tarda en aclarar cuáles son los resultados correctos. Comprobar todo el conjunto de datos aburriría enseguida al lector, así que hemos seleccionado estudios que han influido de forma importante en el campo y que reflejan la opinión unánime de los científicos, cuando esta existe.

La ciencia no solo es complicada; puede ser a veces muy peculiar. La búsqueda para entender la conducta humana puede adoptar formas extrañas. No es como estudiar las sustancias químicas en un tubo de ensayo o incluso las infecciones en personas vivas. Los neurocientíficos tienen que encontrar modos de desencadenar comportamientos importantes en un entorno de laboratorio, en ocasiones comportamientos sensibles impulsados por pasiones como el miedo, la gula o el deseo sexual. Cuando es posible, elegimos estudios que destaquen esta rareza.

Las investigaciones en los seres humanos, en cualesquiera de sus formas, son difíciles. No es lo mismo que la asistencia clínica, en la que médico y paciente colaboran para tratar la enfermedad de este último. En ese caso, eligen el tratamiento que consideran más adecuado, y el único objetivo es que el paciente mejore.

La finalidad de la investigación, por otro lado, es responder a una duda científica. Pese a que los científicos trabajan mucho para minimizar los riesgos para las personas, la ciencia debe ser lo primero. A veces, acceder a tratamientos experimentales puede salvar vidas, pero, por lo general, los voluntarios que participan en una investigación se exponen a riesgos que no tendrían durante una atención médica normal.

Al ofrecerse voluntariamente a participar en estudios, esas personas sacrifican una parte de su propia seguridad en favor de otras, enfermos que tendrán una vida mejor si las investigaciones son eficaces. Es como el bombero que corre hacia un edificio en llamas para rescatar a las personas atrapadas en su interior, que elige ponerse en peligro por el bien de los demás.

El elemento clave, desde luego, es que el voluntario tiene que saber exactamente dónde se está metiendo. Se denomina consentimiento informado, y suele presentarse en forma de un documento extenso que explica el propósito de la investigación y enumera los riesgos que entraña participar. Es un buen sistema, aunque no es perfecto. Los voluntarios no siempre lo leen con detenimiento, sobre todo si es muy largo. A veces, los investigadores omiten aspectos porque el engaño es una parte esencial del estudio. No obstante, en general, los científicos hacen todo lo posible para asegurarse de que los voluntarios son colaboradores dispuestos a abordar los misterios de la conducta humana.

El amor es una necesidad, un antojo, un impulso
para buscar el mayor premio de la vida.

HELEN FISHER, antropóloga biológica

1

AMOR

Toda una vida buscando a tu media
naranja y ahora que la has encontrado
¿por qué se apaga la llama?

**En donde analizamos las sustancias químicas
que hacen que quieras tener relaciones sexuales y
enamorarte, y por qué, antes o después, todo cambia.**

Shawn limpió un trozo del espejo empañado del baño,
se pasó los dedos por el pelo negro, sonrió. «Funcionará», dijo.

Dejó caer la toalla y admiró su vientre plano. Su
obsesión por el gimnasio había hecho que consiguie-
ra unos abdominales casi perfectos. A partir de ahí, su
mente derivó hacia una obsesión más apremiante: no
había salido con nadie desde febrero, lo cual era una

buena forma de decir que no había tenido relaciones sexuales durante siete meses y tres días, y le afectó darse cuenta de haber llevado la cuenta de manera tan precisa. «Esa racha acaba esta noche», pensó.

En el bar, observó las oportunidades. Había muchas mujeres atractivas esa noche, aunque no es oro todo lo que reluce. Echaba de menos el sexo, pero también echaba de menos tener a alguien en su vida, alguien a quien enviar un mensaje sin motivo alguno, alguien que pudiera ser una parte positiva de su cotidianeidad. Se consideraba un romántico, si bien esa noche se trataba solo de sexo.

Siguió con la mirada a una joven que estaba de pie con una amiga parlanchina en una mesa alta. Era morena y de ojos castaños, y se fijó en ella porque no vestía el uniforme habitual de un sábado por la noche; llevaba zapatos planos en lugar de tacones y unos Levi's en vez de ropa de discoteca. Se presentó y empezaron a charlar enseguida y con facilidad. Se llamaba Samantha, y lo primero que dijo fue que se sentía más cómoda haciendo cardio que bebiendo cerveza. Eso llevó a una conversación más profunda sobre los gimnasios locales, las aplicaciones de *fitness* y las ventajas respectivas de hacer ejercicio por las mañanas o por las tardes. Durante el resto de la noche, él no se apartó de su lado, y ella tardó muy poco en agradecer su compañía.

Son muchos los factores que los impulsaron a lo que se convertiría en una relación duradera: sus intereses comunes, lo bien que estaban juntos, incluso las copas y un poco de desesperación. Pero nada de eso era la verdadera clave del amor. El factor primordial era este: ambos estaban bajo los efectos de un psicotrópico. Al igual que cualquier persona en el bar.

Y resulta que tú también.

¿QUÉ HAY MÁS POTENTE QUE EL PLACER?

Kathleen Montagu, una investigadora que trabajaba en un laboratorio del Hospital Runwell, cerca de Londres, descubrió la dopamina en el cerebro en 1957. Al principio, la dopamina se vio tan solo como un modo para que el organismo segregara una sustancia química llamada norepinefrina, que es como se llama la adrenalina cuando se halla en el cerebro. Pero los científicos empezaron a observar cosas extrañas. Solo un 0,0005 % de las células cerebrales segregan dopamina, una de cada dos millones; sin embargo, estas células parecían influir muchísimo en el comportamiento. Los voluntarios que participaron en las investigaciones sentían placer cuando se activaba la dopamina, e hicieron grandes esfuerzos para desencadenar la activación de estas células escasas. De hecho, en las circunstancias adecuadas, fue imposible resistirse al afán por activar la dopamina para sentirse bien. Algunos investigadores bautizaron a la dopamina como *la molécula del placer*, y la vía que lleva a las células secretoras de dopamina a través del cerebro se denominó circuito de recompensa.

La fama de la dopamina como la molécula del placer se consolidó aún más por medio de experimentos con drogadictos. Los investigadores les inyectaron una mezcla de cocaína y glucosa radioactiva, que permitió a los científicos entender qué partes del cerebro estaban quemando más calorías. A medida que la cocaína intravenosa hacía efecto, se les pidió a los voluntarios que valoraran el nivel de subidón. Los investigadores descubrieron que, cuanto mayor era la actividad en el circuito de recompensa de la dopamina, mayor era el subidón. Cuando el organismo eliminaba la cocaína del cerebro, la actividad de la dopamina disminuía y el subidón desaparecía. Otros estudios arrojaron resultados parecidos. El papel de la dopamina como la molécula del placer quedó demostrado.

Otros investigadores trataron de repetir los resultados, y ahí fue cuando empezaron a ocurrir cosas inesperadas. Su razonamiento fue que es poco probable que las vías dopaminérgicas evolucionaran para alentar a las personas a consumir drogas. Seguramente las drogas estarían provocando una forma artificial de estimulación de la dopamina. Parecía más bien que los procesos evolutivos que empleaba la dopamina estuvieran impulsados por la necesidad de motivar la supervivencia y la actividad reproductora. Así pues, sustituyeron la cocaína por comida, esperando ver el mismo efecto. Lo que observaron sorprendió a todos. Fue el principio del fin de la dopamina como la molécula del placer.

Descubrieron que la dopamina no tiene nada que ver con el placer. La dopamina proporciona una sensación mucho más influyente. Su conocimiento resulta ser la clave para explicar e incluso predecir el comportamiento en un impresionante abanico de actividades humanas: crear arte, literatura y música; buscar el éxito; descubrir nuevos mundos y nuevas leyes de la naturaleza; pensar en Dios… y enamorarse.

Shawn sabía que estaba enamorado. Sus inseguridades se desvanecieron. Cada día sentía que estaba a punto de conseguir un futuro dorado. Cuanto más tiempo pasaba con Samantha, su ilusión por ella iba en aumento, y sus esperanzas eran una constante. Cada vez que pensaba en ella le venía a la cabeza un sinfín de posibilidades. En cuanto al sexo, la libido de Shawn era mayor que nunca, pero solo por ella. El resto de las mujeres dejaron de existir. Mejor aún, cuando intentó confesarle a Samantha toda esta felicidad, ella lo interrumpió para decirle que sentía exactamente lo mismo.

Shawn quería estar seguro de que estarían juntos para siempre, así que un día le propuso matrimonio. Ella dijo sí.

Pocos meses después de su luna de miel, las cosas empezaron a cambiar. Al principio, habían estado obsesionados el uno con el otro, pero, con el transcurso del tiempo, ese deseo acuciante pasó a serlo menos. Creer que todo era posible comenzó a ser menos cierto, menos obsesivo, menos el centro de todo. Su euforia se esfumó. No eran infelices, pero la profunda satisfacción de su primera época juntos se estaba desvaneciendo. La sensación de posibilidades infinitas empezó a parecer poco realista. Pensar en el otro dejó de ser tan habitual. Shawn comenzó a fijarse en otras mujeres, aunque sin la intención de ser infiel. La propia Samantha empezó a coquetear de vez en cuando, pese a que no iba más allá de sonreír al estudiante universitario que metía los alimentos en una bolsa en la cola de la caja.

Eran felices juntos, pero el brillo inicial de su nueva vida comenzó a parecerse a su vida anterior por separado. La magia, o lo que quiera que fuese, estaba desapareciendo.

«Igual que en mi última relación», pensó Samantha.

«Ya he pasado por eso», pensó Shawn.

MACACOS Y RATAS Y POR QUÉ EL AMOR DESAPARECE

En cierto modo, es más fácil estudiar a las ratas que a los seres humanos. Los científicos pueden hacerles muchas más cosas sin tener que preocuparse de que el comité de ética de la investigación llame a su puerta. Para comprobar la hipótesis de que tanto la comida como las drogas estimulan la dopamina, los científicos implantaron electrodos directamente en el cerebro de las ratas para poder medir de inmediato la actividad de las distintas neuronas dopaminérgicas. Después, construyeron jaulas con tolvas para dispensar la comida en gránulos. Los resultados fueron los esperados. En cuanto echaron el primer gránulo, los sistemas dopaminérgicos de las ratas se activaron. ¡Bingo! Las recompensas naturales estimulan la actividad de la dopamina al igual que la cocaína y otras drogas.

A continuación, hicieron algo que no habían hecho los primeros investigadores. Siguieron adelante, controlando el cerebro de las ratas a medida que la comida se echaba en la tolva, día tras día. Los resultados fueron totalmente inesperados. Las ratas devoraron la comida con el mismo entusiasmo de siempre. Estaba claro que les gustaba. Pero su actividad dopaminérgica cesó. ¿Por qué dejaba de activarse la dopamina cuando el estímulo continuaba? La respuesta provino de una fuente inesperada: un macaco y una bombilla.

Wolfram Schultz es uno de los pioneros más influyentes en la experimentación con la dopamina. Cuando era profesor de Neurofisiología en la Universidad de Friburgo, Suiza, se interesó por el papel de la dopamina en el aprendizaje. Implantó unos electrodos diminutos en las zonas del cerebro de unos macacos donde se agrupaban las células dopaminérgicas. Luego metió a los macacos en un aparato que tenía dos luces y dos cajas. De vez en cuando, una de las luces se encendía. Una luz indicaba que la comida se podía encontrar en la caja de la derecha. La otra indicaba que estaba en la caja de la izquierda.

A los macacos les llevó un tiempo entender la regla. Al principio, abrían las cajas al azar y acertaban más o menos la mitad de las veces. Cuando encontraban comida, las células dopaminérgicas del cerebro se activaban, al igual que en las ratas. Al cabo de un rato, los macacos entendieron las señales y fueron a por la caja correcta, donde siempre estaba la comida; y entonces el momento de la liberación de dopamina pasó de activarse cuando descubrían la comida a hacerlo cuando veían la luz. ¿Por qué?

Ver encenderse la luz siempre era algo inesperado. Pero en cuanto los macacos entendieron que la luz significaba que estaban a punto de comer, la «sorpresa» que sentían provenía exclusivamente de la aparición de la luz, no de la comida. A partir de ahí surgió una nueva hipótesis: la actividad dopaminérgica no es un marcador del placer. Es una reacción a lo inesperado, lo posible y la expectación.

Como seres humanos, experimentamos una descarga de dopamina a partir de sorpresas parecidas y prometedoras: la llegada de una nota agradable de la persona que amas («¿Qué pondrá?»), un correo electrónico de un amigo al que hace años que no ves («¿Qué novedades habrá?») o, si buscas una historia de amor, conocer a una nueva pareja fascinante en una mesa pringosa del mismo bar de siempre («¿Qué podría ocurrir?»). Pero cuando estas cosas pasan a ser periódicas, la novedad desaparece, así como la descarga de dopamina, y una nota más agradable, un correo electrónico más largo o una mesa mejor no la recuperarán.

Esta idea simple aporta una explicación química a una eterna pregunta: ¿por qué se desvanece el amor? Nuestro cerebro está programado para anhelar lo inesperado y de este modo mirar hacia el futuro, donde empieza cualquier posibilidad emocionante. Pero cuando todo, incluido el amor, se vuelve algo conocido, ese entusiasmo desaparece y nos atraen otras cosas.

Los científicos que estudiaron este fenómeno denominaron *error de predicción de recompensa* al runrún que obtenemos de lo novedoso, y significa precisamente lo que su nombre indica. Predecimos constantemente qué va a pasar: desde la hora a la que podemos salir del trabajo hasta cuánto dinero esperamos encontrar cuando comprobamos el saldo en un cajero automático. Cuando lo que sucede es mejor de lo que esperamos, es literalmente un error en nuestras predicciones de futuro: a lo mejor conseguimos salir antes del trabajo, o vemos que hay cien dólares más de lo esperado. Este error feliz es lo que pone en marcha la dopamina. No es ni el tiempo ni el dinero de más en sí. Es la emoción ante la buena noticia inesperada.

De hecho, basta la sola posibilidad de un error de predicción de recompensa para que la dopamina entre en acción. Imagina que vas andando al trabajo por una calle conocida, una por la que has pasado muchas veces antes. De repente, te das cuenta de que han abierto una cafetería nueva, una que no habías visto hasta ahora. De inmediato quieres entrar y ver qué tienen. Es la dopamina, que toma las riendas y produce una sensación distinta a la de disfrutar del sabor, la sensación o el aspecto de algo. Es el placer de la expectación, la posibilidad de algo poco conocido y mejor. Te entusiasma la cafetería, a pesar de que aún no te has comido ninguno de sus pasteles, ni has probado su café y ni siquiera sabes qué aspecto tiene su interior.

Entras y pides un café solo y un cruasán. Tomas un sorbo de café. Los sabores complejos se mueven por la lengua. Es el mejor que has probado nunca. Después, le das un bocado al cruasán. Es mantecoso y crujiente, idéntico al que te comiste hace años en una cafetería de París. ¿Cómo te sientes ahora? Tal vez tu vida sea un poco mejor con esta nueva manera de empezar el día. A partir de ahora vas a venir aquí a desayunar todas las mañanas y a tomar el mejor café y el cruasán más crujiente de la ciudad. Se lo contarás a tus amigos, seguramente más de lo que les interese oírlo. Comprarás una taza con el nombre de la cafetería. Tendrás incluso más ganas de empezar la jornada gracias a este lugar formidable. Es la dopamina en acción.

Es como si te hubieras enamorado de la cafetería.

Sin embargo, a veces, cuando conseguimos lo que queremos, no es tan agradable como esperábamos. El entusiasmo dopaminérgico (es decir, la emoción ante la expectación) no dura eternamente, porque con el tiempo el futuro se convierte en el presente. El misterio emocionante de lo desconocido pasa a ser la aburrida familiaridad de lo cotidiano, momento en que la dopamina ya ha hecho su trabajo, y se instala la desilusión. El café y los cruasanes estaban tan buenos que detenerse en la cafetería es ahora habitual. Pero, pocas semanas después, «el mejor café y cruasán de la ciudad» pasó a ser el mismo desayuno de siempre.

Sin embargo, no fueron el café y el cruasán lo que cambiaron, fueron tus expectativas.

Del mismo modo, Samantha y Shawn estaban obsesionados el uno con el otro hasta que su relación se volvió completamente familiar. Cuando las cosas se vuelven parte de la rutina diaria, ya no hay error de predicción de recompensa, y la dopamina ya no se activa para darte esas sensaciones de emoción. Shawn y Samantha se quedaron sorprendidos mutuamente en un mar de caras anónimas en un bar, luego se obsesionaron el uno con el otro hasta que el futuro soñado de placer infinito se tornó en la experiencia concreta de la realidad. La labor —y la habilidad— de la dopamina para idealizar lo desconocido llegó a su fin, por lo que la segregación de dopamina se detuvo.

La pasión aumenta cuando soñamos con un mundo de posibilidades y desaparece cuando nos enfrentamos a la realidad. Cuando el dios o la diosa del amor que llama a tus aposentos se convierte en el cónyuge soñoliento que se suena la nariz en un pañuelo raído, la naturaleza del amor, el motivo para seguir, debe pasar de sueños dopaminérgicos a... otra cosa. Pero ¿cuál?

UN CEREBRO, DOS MUNDOS

John Douglas Pettigrew, profesor emérito de Fisiología en la Universidad de Queensland, Australia, es natural de una ciudad con un nombre maravilloso: Wagga Wagga. Pettigrew tuvo una carrera brillante como neurocientífico y es célebre por haber puesto al día la teoría de los primates voladores, que determinaba que los murciélagos eran nuestros primos lejanos. Mientras trabajaba en esta idea, Pettigrew fue la primera persona en esclarecer cómo el cerebro crea un mapa tridimensional del mundo. Eso parece estar muy alejado de las relaciones pasionales, pero resultó ser un concepto fundamental para explicar la dopamina y el amor.

Pettigrew vio que el cerebro gestiona el mundo exterior dividiéndolo en regiones separadas: la peripersonal y la extrapersonal; básicamente, cerca y lejos. El espacio peripersonal comprende todo lo que está al alcance de la mano, cosas que se pueden controlar en este instante usando las manos. Es el mundo de lo real, el ahora. El espacio extrapersonal se refiere a todo lo demás: todo lo que no se puede tocar, a menos que vayas más allá de donde alcanza la mano, ya sea a un metro o a un millón de kilómetros de distancia. Es el ámbito de lo posible.

Establecidas estas definiciones, hay otro factor, obvio pero útil: dado que ir de un lugar a otro lleva su tiempo, cualquier interacción en el espacio extrapersonal debe producirse en el futuro. O, dicho de otro modo, la distancia está relacionada con el tiempo. Por ejemplo, si te apetece un melocotón pero el más cercano está en una caja en la frutería de la esquina, no puedes comértelo ahora. Solo puedes hacerlo en el futuro, cuando vayas a por él. Conseguir algo fuera de tu alcance puede precisar también algo de planificación. Podría ser tan simple como levantarte para encender la luz, caminar hasta la tienda para conseguir ese melocotón o averiguar cómo lanzar un cohete para llegar a la Luna. Esta es la característica que define las cosas en el espacio extrapersonal: llegar a ellas exige esfuerzo, tiempo y, muchas veces, planificación. Por el contrario, cualquier cosa en el espacio peripersonal se puede sentir aquí y ahora. Esas experiencias son inmediatas. Tocamos, saboreamos, cogemos y apretamos; sentimos felicidad, tristeza, rabia y alegría.

Esto nos lleva a un hecho esclarecedor de la neuroquímica: el cerebro funciona en un sentido en el espacio peripersonal y en otro distinto en el extrapersonal. Si estuvieras diseñando la mente humana, es lógico que crearas un cerebro que distingue entre las cosas en este sentido: un sistema para lo que tienes y otro para lo que no tienes. Para los hombres primitivos, la conocida frase «o lo tienes o no lo tienes» se podría traducir por «o lo tienes o estás muerto».

Desde un punto de vista evolutivo, la comida que no tienes es muy diferente de la que sí tienes. Lo mismo pasa con el agua, el refugio y las herramientas. La división es tan básica que, para gestionar el espacio peripersonal y el extrapersonal, en el cerebro evolucionaron de forma separada las sustancias químicas y los circuitos. Cuando miras hacia abajo, ves el espacio peripersonal, y, para ello, una serie de sustancias químicas relacionadas con la experiencia en el aquí y ahora controlan el cerebro. Pero cuando el cerebro interactúa con el espacio extrapersonal, una sustancia química ejerce más control que todas las demás, la sustancia asociada a la expectación y la posibilidad: la dopamina. Las cosas distantes, las cosas que aún no tenemos, no se pueden usar o consumir, solo desear. La dopamina tiene una labor muy específica: aprovechar al máximo los recursos de los que dispondremos en el futuro, la búsqueda de cosas mejores.

Todos los aspectos de la vida se dividen de este modo: tenemos una manera de lidiar con lo que queremos y otra de lidiar con lo que tenemos. Querer una casa, sentir ese tipo de deseo que impulsa a esforzarse por encontrarla y comprarla, usa una serie de circuitos cerebrales distintos de los que te permiten disfrutar de ella en cuanto es tuya. Prever un aumento de salario activa la dopamina orientada al futuro, sensación que difiere mucho de la del aquí y ahora al recibir un sueldo más alto por segunda o tercera vez. Y encontrar el amor requiere un conjunto de habilidades distintas a las de lograr que este dure. El amor debe pasar de una experiencia extrapersonal a una peripersonal: de la búsqueda a la posesión; de algo que esperamos a algo que tenemos que cuidar. Se trata de habilidades muy diferentes; esta es la razón por la que, con el tiempo, la naturaleza del amor tiene que cambiar, y el motivo, para muchas personas, de que el amor desaparezca al final del entusiasmo dopaminérgico que denominamos romance.

Sin embargo, muchas personas dan ese paso. ¿Cómo lo hacen? ¿Cómo engañan a la seducción de la dopamina?

GLAMUR

El glamur es una ilusión bonita —la palabra glamur significaba en su origen literalmente 'encantamiento'— que promete trascender la vida cotidiana y hacer realidad la ideal. Depende de una combinación especial de misterio y gracia. Un exceso de información rompe el hechizo.

VIRGINIA POSTREL

El glamur está presente cuando vemos cosas que estimulan nuestra imaginación dopaminérgica y acalla nuestra capacidad para percibir con precisión la realidad del aquí y ahora.

Un buen ejemplo es viajar en avión. Mira hacia arriba. ¿Hay un avión en el cielo? ¿Qué tipo de pensamientos y sentimientos se desencadenan? Muchas personas sienten deseos de estar en el avión, viajar a lugares exóticos lejanos, hacer una escapada sin preocupaciones que empieza con un viaje entre las nubes. Desde luego, si estuvieras en el avión, tus sentidos del aquí y ahora te dirían que este paraíso en el cielo se parece más a un autobús en hora punta atravesando la ciudad: estrecho, agotador y desagradable, lo contrario de elegante.

Asimismo, ¿qué podría haber más glamuroso que Hollywood? Actores y actrices guapos que van a fiestas, vagan en torno a piscinas y coquetean. La realidad es bien distinta y supone catorce horas diarias de sudar bajo los focos. Se explota sexualmente a las actrices y se presiona a los actores para que tomen esteroides y hormona del crecimiento a fin de conseguir los cuerpos fabulosos que vemos en la pantalla. Gwyneth Paltrow, Megan Fox, Charlize Theron y Marilyn Monroe han descrito experiencias de «casting de sofá» (todas excepto Marilyn Monroe dijeron que rechazaron la oferta de mantener relaciones sexuales a cambio de un papel codiciado). Nick Nolte, Charlie Sheen, Mickey Rourke y Arnold Schwarzenegger han admitido que tomaron esteroides, que pueden causar alteraciones hepáticas, inestabilidad emocional, arrebatos de violencia y psicosis. Es un mundo sórdido.

Las montañas no son sórdidas, sin embargo. Son majestuosas, se alzan en la distancia, suavizadas por el efecto borroso de kilómetros de aire, como una fotografía de foco suave de una novia el día de su boda. Quienes tienen unos niveles altos de dopamina quieren escalarlas, explorarlas, conquistarlas. Pero no pueden, porque no existen. La montaña sí existe, pero resulta imposible lograr la experiencia de estar ahí. La realidad es que la mayor parte del tiempo estás en una montaña que ni siquiera puedes percibir. Por lo general, estás rodeado de árboles, y eso es todo lo que ves. De vez en cuando, quizá encuentres un mirador desde donde puedes ver una extensa panorámica del valle. Pero, mientras miras, lo que está lleno de promesas y belleza es el lejano valle, no la montaña en la que estás. El glamur crea deseos que no se pueden cumplir porque son deseos de cosas que solo existen en la imaginación.

Ya sea un avión en el cielo, una estrella de Hollywood o una montaña distante, las únicas cosas que pueden ser glamurosas son las que están fuera de nuestro alcance, solo las cosas irreales. El glamur es una mentira.

Un día durante el almuerzo, Samantha se encontró con Demarco, su último novio formal antes de Shawn. Hacía años que no se veían, ni siquiera coincidieron en Facebook. Le pareció tan divertido e inteligente como siempre, y en excelente forma, además. Pocos minutos después, se puso algo sentimental otra vez. Era algo que no sentía desde hacía mucho tiempo, una oleada de emoción y la sensación de posibilidad con un hombre ligado a ella, alguien que parecía estar lleno de novedades para que ella las descubriera. Él también estaba emocionado y ansioso por compartir sus sentimientos.

Lo primero que dijo él es lo ilusionado que estaba por estar comprometido. Su novia era su «media naranja», y esperaba que Samantha la conociera, porque nunca le había importado tanto alguien como esta nueva mujer tan especial.

Cuando Demarco se marchó, Samantha decidió que era un buen día para beber. Fue al bar y pidió una ración de nachos y una cerveza Miller Lite, y se pasó la media hora siguiente jugueteando con la etiqueta. Quería a Shawn, de verdad, ¿o no? Llevaban casi todo un año atrapados en la rutina. Lo que ella quería era esa sensación con Demarco. La había tenido antes con Shawn, pero ya no.

EL LADO OSCURO

La dopamina tiene un lado oscuro. Si pones un gránulo de comida en la jaula de una rata, el animal tendrá un pico de dopamina. ¿Quién diría que el mundo es un lugar donde la comida cae del cielo? No obstante, si se sigue echando comida cada cinco minutos, la segregación de dopamina cesa. La rata sabe cuándo esperar la comida, por lo que la sorpresa no existe y no hay error en las predicciones de la rata a la hora de recibir una recompensa. Pero ¿qué pasa si echas la comida aleatoriamente para que siempre sea una sorpresa? Y ¿qué pasa si sustituyes las ratas y la comida por personas y dinero?

Imagina un casino concurrido con una mesa de *blackjack* llena de gente, una partida de póquer con apuestas altas y una ruleta que gira. Es el paradigma de la ostentación en Las Vegas, pero los operadores de casinos saben que no es en estas partidas de jugadores empedernidos donde se gana más. Eso se consigue en las modestas tragamonedas, tan adoradas por los turistas, los jubilados y los jugadores habituales que pasan a diario varias horas entre luces centelleantes, sonidos de campanillas y chasquidos de ruedas. En el diseño actual de un casino se dedica la friolera del 80 % del espacio a las tragamonedas, y por un buen motivo: estas constituyen la mayor parte de los ingresos por juego del casino.

Uno de los principales fabricantes de tragamonedas a nivel mundial pertenece a una empresa llamada Scientific Games. La ciencia desempeña un papel importante en el diseño de estas máquinas irresistibles. Aunque las tragamonedas se remontan al siglo XIX, las mejoras modernas se basan en el trabajo pionero del conductista B. F. Skinner, que en la década de 1960 determinó los principios de la manipulación de la conducta.

En un experimento, Skinner puso una paloma en una caja. Vio que podía condicionarla a que picoteara una palanca para obtener comida. En algunos experimentos se usó un picotazo, en otros diez, pero el número requerido no cambiaba nunca en el transcurso de cada experimento. Los resultados no fueron especialmente interesantes. A pesar del número de presiones necesarias, cada paloma picoteaba la palanca como un funcionario sella un montón inacabable de documentos.

Después, Skinner probó algo diferente. Llevó a cabo un experimento en el que el número de presiones necesarias para que saliera el alimento cambiaba al azar. La paloma nunca sabía cuándo llegaría la comida. Cualquier recompensa era inesperada. Las aves empezaron a excitarse. Picoteaban más deprisa. Algo las estaba estimulando para esforzarse más. Se había utilizado la dopamina, la molécula de la sorpresa, y así surgió la base científica de las tragamonedas.

Cuando Samantha vio a su antiguo novio, la invadieron otra vez todos los sentimientos: ilusión, posibilidades, especial atención, nervios. No estaba buscando una aventura, ni falta que hacía. La aparición de Demarco y el sueño semiconsciente de tener otra oportunidad para vivir una emoción apasionada fue un regalo inesperado para su vida afectiva, y esa sorpresa era el origen de su entusiasmo. Samantha, claro está, no lo sabía.

Ella y Demarco decidieron verse otra vez para tomar algo, y la cosa fue bien. Quedaron para comer al día siguiente, también, y enseguida sus encuentros pasaron a ser una «cita» fija. Los sentimientos son excitantes. Se tocan cuando hablan. Se abrazan cuando se separan. Cuando están juntos, el tiempo vuela, como cuando salían antes, y al pensar en ello, así solía ser con Shawn. «Tal vez Demarco sea mi alma gemela», piensa. Sin embargo, si se entiende el papel que juega la dopamina, es evidente que esta relación no es algo nuevo. Es otra repetición más del entusiasmo motivado por la dopamina.

La novedad que provoca que la dopamina se active no dura eternamente. Cuando se trata de amor, la desaparición del romance apasionado siempre se producirá tarde o temprano, y luego llega el momento de elegir. Podemos pasar a un amor que se alimenta del aprecio diario por la otra persona en el aquí y ahora o podemos poner fin a la relación e ir en busca de otra montaña rusa de emociones. Elegir el chute dopaminérgico cuesta poco, pero se acaba enseguida, como el placer de comerse un pastelito. El amor duradero pone más el acento en la experiencia que en la expectación; se pasa de la fantasía de que todo es posible al compromiso con la realidad y todas sus imperfecciones. La transición es difícil, y cuando el mundo nos ofrece una salida fácil a una tarea difícil tendemos a cogerla. Por eso, cuando cesa la activación de la dopamina al principio de un romance, muchas relaciones también llegan a su fin.

El enamoramiento es una vuelta en un tiovivo que se encuentra en la base de un puente. Este tiovivo puede darte vueltas y más vueltas en un bonito viaje tantas veces como quieras, pero siempre te dejará en el lugar de partida. Cada vez que la música se detiene y tienes de nuevo los pies en el suelo, debes tomar una decisión: dar otra vuelta o cruzar ese puente hacia otro tipo de amor más duradero.

MICK JAGGER, GEORGE COSTANZA Y *SATISFACTION*

Cuando Mick Jagger cantó por vez primera *(I Can't Get No) Satisfaction!* en 1965, no podíamos saber que iba a predecir el futuro. Como contó Jagger a su biógrafo en 2013, ha estado con unas cuatro mil mujeres, una pareja distinta cada diez días de su vida adulta.

Hay que constatar que Mick no siguió con «... y al llegar a cuatro mil, al fin encontré la satisfacción.

¡Se acabó!». Seguramente, no se detendrá mientras pueda. Así pues, ¿cuántos amantes se necesitarían para lograr «satisfacción»? Si hubieras tenido cuatro mil, podemos afirmar sin miedo a equivocarnos que la dopamina está dirigiendo tu vida, al menos en lo que al sexo se refiere. Y la directriz principal de la dopamina es *más*. Aunque Mick persiga la satisfacción otro medio siglo, aun así no la conseguirá. Su idea de la satisfacción no es en absoluto la satisfacción. Es la búsqueda, impulsada por la dopamina, de la molécula que cultiva la eterna insatisfacción. En cuanto se acuesta con una amante, su objetivo inmediato será encontrar otra.

En este sentido, Mick no está solo. Ni siquiera es algo insólito. Mick Jagger es tan solo una versión segura de sí mismo del George Costanza televisivo. En casi todos los episodios de *Seinfeld*, George se enamora. Tardaba un tiempo absurdo en conseguir una cita, y era capaz de casi todo con tal de que acabara en sexo. Imaginaba a cada nueva mujer como una posible compañera de vida, la mujer perfecta que lo acompañaría con gusto por siempre jamás. Pero todos los seguidores de *Seinfeld* saben cómo acaban estas historias. George se volvía loco por la mujer hasta que ella le devolvía su afecto. Cuando las intentonas cesaron, lo único que quería era largarse. George Louis Costanza era tan adicto al subidón de dopamina al ir en busca de una aventura que se pasó toda una temporada intentando liberarse del compromiso con la única mujer que seguía queriéndolo, a pesar de las cosas horribles que él hizo. Y cuando su novia murió al lamer el pegamento tóxico de los sobres de sus invitaciones de boda, George no se quedó destrozado. Se sentía aliviado, incluso alegre. Estaba como loco por volver a ir de caza. Mick es como George, y George es como todos nosotros. Disfrutamos de la pasión, la atención, el entusiasmo, la emoción de encontrar un nuevo amor. La diferencia reside en que la mayoría de nosotros entendemos en algún momento que la dopamina nos engaña. A diferencia del antiguo vendedor de látex para Vandelay Industries y del vocalista de los Rolling Stones, logramos entender que la siguiente mujer hermosa u hombre guapo que veamos no es seguramente la llave a la «satisfacción».

—¿Cómo está Shawn? —dijo la madre de Samantha.

—Bueno... —Samantha pasó el dedo por el borde de su taza de café—. No está siendo como esperaba.

—¿Otra vez?

—Ya estamos... —dijo Samantha.

—Solo estoy diciendo que Shawn parece un buen tipo.

—Mamá, no quiero jugar a «dar las gracias por lo que tengo».

—No es la primera vez. ¿Te acuerdas de Lawrence? ¿Y Demarco? —Samantha se mordió el labio—. ¿Por qué no puedes disfrutar de lo que tienes?

LAS CLAVES QUÍMICAS
PARA EL AMOR DURADERO

Desde el punto de vista de la dopamina, tener cosas no es interesante. Lo único que importa es conseguirlas. Si vives bajo un puente, la dopamina hace que quieras una tienda de campaña. Si vives en una tienda de campaña, la dopamina hace que quieras una casa. Si vives en la mansión más cara del mundo, la dopamina hace que quieras un castillo en la luna. La dopamina no tiene un estándar para lo bueno ni busca una línea de meta. Los circuitos dopaminérgicos del cerebro solo se pueden estimular mediante la posibilidad de cualquier cosa que sea resplandeciente y nueva, sin importar lo bien que vaya todo en ese momento. El lema de la dopamina es «MÁS».

La dopamina es uno de los incitadores del amor, el origen de la chispa que activa todo lo que viene después. Pero para que el amor continúe más allá de esta etapa, la naturaleza de la relación amorosa tiene que cambiar porque la sinfonía química que hay detrás cambia. La dopamina no es la molécula del placer, al fin y al cabo. Es la molécula de la ilusión. Para disfrutar de lo que tenemos, a diferencia de lo que solo es una posibilidad, nuestro cerebro debe pasar de una dopamina orientada al futuro a sustancias químicas orientadas al presente, una colección de neurotransmisores a los que llamamos las moléculas del aquí y ahora. Mucha gente ha oído hablar de ellas. Comprenden la serotonina, la oxitocina, las endorfinas (la versión cerebral de la morfina) y un tipo de sustancias químicas llamadas endocanabinoides (la versión cerebral de la marihuana). A diferencia del placer de la ilusión generado por la dopamina, estas sustancias químicas nos proporcionan placer a partir de las sensaciones y las emociones. De hecho, una de las moléculas endocanabinoides se denomina *anandamida*, llamada así por una palabra sánscrita que significa 'alegría', 'dicha' y 'placer'.

Según la antropóloga Helen Fisher, el enamoramiento o amor «apasionado» dura solo de doce a dieciocho meses. Pasado ese tiempo, para que una pareja siga unida, tiene que desarrollar una clase de amor distinto llamado *amor de compañeros*. En el amor de compañeros intervienen las moléculas del aquí y ahora, porque entraña experiencias que se están produciendo aquí mismo y ahora mismo: estás con quien amas, así que disfrútalo.

El amor de compañeros no es un fenómeno exclusivo de los seres humanos. Lo observamos en especies animales que se unen de por vida. Su comportamiento se caracteriza por una defensa conjunta del territorio y la construcción del nido. La pareja unida se alimenta mutuamente, se acicala mutuamente y comparte las labores parentales. Ante todo, ambos permanecen juntos y dan muestras de ansiedad cuando se separan. Lo mismo pasa con los seres humanos. Los seres humanos llevan a cabo actividades parecidas y tienen sentimientos similares, sobre todo de satisfacción por la existencia de otra persona cuya vida está íntimamente ligada a la suya propia.

Cuando las moléculas del aquí y ahora toman el control en la segunda etapa del amor, la dopamina se inhibe. Ha de ser así porque la dopamina ofrece a nuestra mente el panorama de un futuro prometedor que nos incita a esforzarnos todo lo necesario para hacerlo realidad. La insatisfacción con la situación actual es un ingrediente importante para lograr el cambio, que en eso consiste sobre todo una nueva relación. El amor de compañeros del aquí y ahora, por otra parte, se caracteriza por una satisfacción profunda y duradera con la realidad actual y por una aversión al cambio, al menos en lo que respecta a la relación con la pareja. De hecho, pese a que la dopamina y los circuitos del aquí y ahora pueden funcionar juntos, en la mayoría de las circunstancias se contrarrestan. Cuando los circuitos del aquí y ahora están activados, nos vemos impulsados a percibir el mundo real que nos rodea, y la dopamina se inhibe; cuando los circuitos dopaminérgicos se activan, nos desplazamos a un futuro de posibilidades, y las moléculas del aquí y ahora se inhiben.

La experimentación en laboratorio corrobora esta idea. Cuando los científicos observaron los glóbulos sanguíneos extraídos de personas que estaban en la fase pasional del amor, hallaron niveles más bajos de receptores de serotonina del aquí y ahora en comparación con personas «sanas», un indicador de que las moléculas del aquí y ahora estaban retirándose.

No es fácil decir adiós a la emoción dopaminérgica que generan las nuevas parejas y el deseo pasional, pero la capacidad para hacerlo es una señal de madurez y un paso hacia la felicidad duradera. Pensemos en un hombre que planea unas vacaciones en Roma. Pasa semanas programando cada día, asegurándose de que podrá visitar todos los museos y lugares de interés de los que tanto ha oído hablar. Pero cuando se encuentra en medio de las más bellas obras de arte jamás creadas, piensa en cómo va a ir hasta el restaurante que ha reservado para cenar. No es que no aprecie contemplar las obras de Miguel Ángel. Se trata tan solo de que su personalidad es principalmente dopaminérgica: disfruta con la ilusión y la planificación más que llevando algo a cabo. Los amantes sienten la misma desconexión entre la ilusión y la experiencia. La primera etapa, el amor apasionado, es dopaminérgica: estimulante, idealizada, curiosa, con miras al futuro. La última etapa, el amor de compañeros, se centra en el aquí y ahora: gratificante, tranquila y vivida a través de los sentidos corporales y las emociones.

Una historia de amor basada en la dopamina es una locura emocionante aunque breve, pero las características químicas del cerebro nos proporcionan los instrumentos para emprender el camino que conduce al amor de compañeros. Al igual que la dopamina es la molécula del deseo obsesivo, las sustancias químicas más asociadas con las relaciones duraderas son la oxitocina y la vasopresina. La oxitocina es más activa en las mujeres, y la vasopresina, en los hombres.

Los científicos han estudiado estos neurotransmisores en el laboratorio en diversos animales. Así, por ejemplo, cuando los investigadores inyectaron oxitocina en el cerebro de las hembras de topillo de la pradera, los animales formaron un vínculo duradero con cualquier macho que estuviera cerca. De forma parecida, cuando a los topillos macho, que estaban programados genéticamente para ser promiscuos, se les puso un gen que estimulaba la vasopresina, se aparearon con una sola hembra, aunque hubiera otras hembras en celo. La vasopresina actuaba como una «hormona del buen marido». La dopamina hace lo contrario. Los seres humanos que tienen genes que segregan niveles altos de dopamina son los que tienen más parejas sexuales y su primera relación sexual a una edad más temprana.

Muchas parejas tienen relaciones sexuales con menos frecuencia a medida que el amor dopaminérgico obsesivo evoluciona hacia un amor de compañerismo del aquí y ahora. Esto tiene sentido, ya que la oxitocina y la vasopresina inhiben la liberación de testosterona. De forma parecida, la testosterona inhibe la liberación de oxitocina y vasopresina, lo que ayuda a explicar por qué los hombres con niveles naturales altos de testosterona en sangre son menos propensos a casarse. Del mismo modo, los hombres solteros tienen más testosterona que los casados. Y si el matrimonio de un hombre se vuelve inestable, su vasopresina desciende y su testosterona aumenta.

¿Necesitan los seres humanos una compañía duradera? Existen pruebas fiables de que la respuesta es sí. A pesar del atractivo frívolo de tener muchas parejas, la mayoría de las personas sientan la cabeza con el tiempo. Un estudio de las Naciones Unidas reveló que más del 90 % de los hombres y las mujeres se casan a los cuarenta y nueve años. Podemos vivir sin un amor de compañeros, pero la mayoría de nosotros nos pasamos buena parte de la vida tratando de encontrarlo y conservarlo. Las moléculas del aquí y ahora nos dan la capacidad de hacerlo. Nos permiten hallar satisfacción en lo que nos ofrecen nuestros sentidos, que está justo delante de nosotros, y en lo que podemos sentir, sin la molesta sensación de que necesitamos algo más.

TESTOSTERONA: LA SUSTANCIA QUÍMICA DEL AQUÍ Y AHORA DE LA ATRACCIÓN SEXUAL

La noche en que Samantha conoció a Shawn, estaba en el decimotercer día de su ciclo menstrual. ¿Por qué es eso importante?

La testosterona impulsa el deseo sexual tanto en hombres como en mujeres. Los hombres la segregan en grandes cantidades; es la responsable de aspectos de masculinidad como el vello facial, el aumento de la masa muscular y una voz grave. Las mujeres la segregan en menor cantidad en los ovarios. Por regla general, las mujeres presentan los niveles más altos de testosterona en el decimotercer y decimocuarto día de su ciclo menstrual. En ese momento el óvulo se libera del ovario y es cuando hay más probabilidades de que se quede embarazada. Hay asimismo algunas variabilidades aleatorias de un día a otro e incluso dentro de un mismo día. Algunas mujeres segregan más testosterona por la mañana y otras más tarde. La mayor variabilidad se produce entre personas; algunas mujeres segregan de forma natural más que otras. La testosterona se puede incluso administrar como un fármaco. Cuando los investigadores de Procter & Gamble (los fabricantes de la colonia Old Spice y los pañales Pampers) aplicaron un gel de testosterona a la piel de varias mujeres, estas tuvieron más relaciones sexuales. Por desgracia, a algunas de ellas les creció vello facial, se les puso la voz grave y presentaron calvicie de patrón masculino, así que el gel de «viagra femenina» nunca fue aprobado por la Administración de Alimentos y Medicamentos (FDA, por sus siglas en inglés) de Estados Unidos.

Helen Fisher, antropóloga de la Universidad Rutgers y asesora científica principal del sitio web de citas Match.com, señala que el tipo de deseo sexual que produce la testosterona es parecido al de otros impulsos naturales, como el hambre. Cuando se tiene hambre, cualquier tipo de alimento satisfará las ganas de comer. De modo semejante, cuando una persona siente un impulso sexual inducido por la testosterona, lo que se desea es tener relaciones sexuales en general, no necesariamente con una persona concreta. En muchos casos, sobre todo entre los jóvenes, casi cualquiera lo hará. Tampoco es un deseo abrumador. La gente no se muere a causa del apetito sexual. La testosterona no los impulsa a suicidarse o a matar, a diferencia de la experiencia dopaminérgica de sentirse sobrepasado por el amor.

Shawn limpió un trozo del espejo empañado del baño, se pasó los dedos por el pelo negro, sonrió. «Funcionará», dijo.

—Espera. No te muevas —dijo Samantha. Le apartó un mechón de la frente—. Así estarás más guapo.

—Y luego...

—Cálmate, chico —dijo Samantha, y le dio un besito en la mejilla.

LA DOPAMINA TE LLEVA A LA CAMA... Y LUEGO SE INTERPONE EN EL CAMINO

Desde la impaciencia hasta los placeres físicos de la intimidad, las etapas del sexo sintetizan las etapas del amor: el sexo es el amor a toda velocidad. El sexo empieza con el deseo, un fenómeno dopaminérgico impulsado por una hormona: la testosterona. Sigue con la excitación, otra sensación dopaminérgica con miras al futuro. Cuando empieza el contacto físico, el cerebro cede el control a las moléculas del aquí y ahora para que aporten el placer de la experiencia sensorial, principalmente con la liberación de endorfinas. La consumación del acto, el orgasmo, es casi por completo una experiencia del aquí y ahora, con las endorfinas y otros neurotransmisores del presente colaborando para detener la dopamina.

Esta transición fue captada por la cámara cuando sometieron a hombres y mujeres de los Países Bajos a un escáner cerebral y se los estimuló hasta alcanzar el orgasmo. Las exploraciones mostraron que el clímax sexual estaba asociado con una reducción de la activación en toda la corteza prefrontal, una parte dopaminérgica del cerebro responsable de restringir intencionadamente la conducta. La relajación del control permitió la activación de los circuitos del aquí y ahora necesarios para el clímax sexual. No importaba si la persona sometida al estudio era un hombre o una mujer. Salvo escasas excepciones, la reacción del cerebro al orgasmo era la misma: desactivación de la dopamina, activación del aquí y ahora.

Se supone que es así. Pero al igual que a algunas personas les cuesta pasar del amor apasionado al amor de compañeros, también puede ser difícil para las personas dopaminérgicas dejar que las moléculas del aquí y ahora asuman el control durante las relaciones sexuales. Es decir, a las mujeres y los hombres muy dopaminérgicos a veces les supone un gran reto desconectarse de los pensamientos y limitarse a notar las sensaciones de la intimidad: pensar menos y sentir más.

Si bien los neurotransmisores del aquí y ahora dejan que vivamos la realidad, y durante las relaciones sexuales esta es intensa, la dopamina flota encima de la realidad. Siempre puede hacer que aparezca algo mejor. Para seducirnos aún más, nos asigna el control de esa realidad alternativa. Que esos mundos imaginarios puedan ser imposibles no importa. La dopamina siempre puede mandarnos a perseguir fantasmas.

Las relaciones sexuales, sobre todo las que tienen lugar en relaciones continuas, son víctimas constantemente de estos fantasmas de la dopamina. Un estudio realizado en 141 mujeres reveló que el 65 % de ellas, durante el coito, soñaban despiertas que estaban con otra persona o incluso que hacían algo muy diferente. Otros estudios elevan la cifra hasta el 92 %. Los hombres sueñan despiertos durante el acto sexual casi lo mismo que las mujeres, y cuantas más relaciones sexuales tienen ambos, más probabilidades hay de que sueñen despiertos.

Resulta irónico que los circuitos cerebrales que nos dan la energía y la motivación necesarias para que nos acostemos con una pareja deseable se interpongan después en el camino para que disfrutemos de la diversión. Una parte puede deberse a la intensidad de la experiencia. La primera relación sexual es más intensa que la centésima, sobre todo si la centésima vez es con la misma pareja. Pero el clímax de la experiencia, el orgasmo, es casi siempre lo bastante intenso como para que incluso el soñador más indiferente entre en el mundo inmediato del aquí y ahora.

POR QUÉ TU MADRE QUIERE QUE ESPERES A CASARTE

Si bien los cambios culturales han hecho que la actitud haya pasado de moda en algunos círculos, aún hay muchas madres (y padres inquietos) que animan a sus hijas a que «se reserven para el matrimonio». Esto suele formar parte de una gran enseñanza moral y religiosa, pero ¿hay alguna ventaja en esperar que esté basada en la química del cerebro?

La testosterona y la dopamina tienen una relación especial. Durante el amor apasionado, la testosterona es el aquí y ahora que no se inhibe en beneficio de la dopamina. De hecho, cooperan para formar un circuito de retroalimentación, una máquina en continuo movimiento que potencia nuestros sentimientos románticos. El amor apasionado suele aumentar el deseo de tener relaciones sexuales. La testosterona acelera ese deseo. El aumento del deseo incrementa a su vez el amor apasionado. Por lo tanto, rechazar la satisfacción sexual en realidad potencia la pasión, no necesariamente para siempre, desde luego, y no sin un sacrificio importante, pero el efecto es real. De este modo, encontramos una explicación química que, hace mucho tiempo, puede haber formado parte de la base de la conducta que vemos hoy. La espera prolonga la fase más excitante del amor. Los sentimientos agridulces de distancia y negación son el lado útil de una reacción química.

Una pasión aplazada es una pasión prolongada. Si una madre quiere que su hija se case, aumentar la pasión es una buena manera de ayudar en el asunto. La dopamina tiende a cesar en cuanto la fantasía se convierte en realidad, y la dopamina es la sustancia química que impulsa el amor romántico. Así pues, ¿qué aumentaría más la dopamina: acceder a tener relaciones sexuales ahora o dejarlas para más adelante? Tu madre sabe la respuesta, pese a que solo ahora empezamos a saber por qué.

Shawn había engordado un poco, pero a Samantha le parecía que estaba más atractivo que nunca. Shawn también pensaba que Samantha estaba mejor que nunca. A pesar de que él apreciara lo estupenda que estaba cuando se arreglaba, les contó en confianza a sus amigos que no había nada más sexi que cuando ella se despertaba con el pelo enmarañado y sin maquillaje, con una de sus viejas camisetas de la universidad. Últimamente, bajaban la voz para robar unos cuantos minutos más mientras el bebé dormía, porque por la mañana, solos y sin vigilancia, era un momento inusual en el que podían disfrutar de la presencia mutua.

Samantha había aprendido el modo de ayudar a Shawn a superar las inseguridades que lo retenían en el trabajo, y él buscaba modos de dejarle más tiempo libre a ella para que pudiera continuar con su máster. Pero cada vez más se limitaban a disfrutar de la compañía del otro. A veces ni siquiera hablaban, y si bien en otra época les habría parecido extraño, ahora se sentían bien. Samantha recordó la noche en que Shawn se acercó a ella, le acarició la cadera y luego retiró la mano. Lo oyó darse la vuelta y hacer el sonido que siempre hacía antes de irse a dormir.

—¿Qué pasa? —preguntó.

—Nada —dijo Shawn—. Solo quería asegurarme de que estabas aquí.

La dopamina recibió el apodo de «la molécula del placer» por los experimentos con drogas. Las drogas activan los circuitos dopaminérgicos y hacen que los voluntarios en los ensayos sientan euforia. Parecía sencillo, hasta que los estudios realizados con recompensas naturales —comida, por ejemplo— revelaron que solo las recompensas inesperadas provocaban la liberación de dopamina. La dopamina no respondía a una recompensa, sino al error de predicción de recompensa: la verdadera recompensa menos la recompensa esperada. Por eso el enamoramiento no dura para siempre. Cuando nos enamoramos, miramos hacia un futuro perfecto gracias a la presencia de la persona a la que amamos. Es un futuro basado en una febril imaginación que se derrumba cuando la realidad se reafirma de doce a dieciocho meses después. Entonces ¿qué? En muchos casos se acaba. La relación llega a su fin, y la búsqueda de una emoción dopaminérgica empieza de nuevo. Por otra parte, el amor apasionado se puede transformar en algo más duradero. Puede volverse un amor de compañeros, que tal vez no emocione del modo en que lo hace la dopamina, pero tiene el poder de brindar felicidad, una felicidad prolongada basada en neurotransmisores del aquí y ahora como la oxitocina, la vasopresina y la endorfina.

Es como nuestros lugares favoritos de siempre: restaurantes, tiendas, incluso ciudades. Nuestro cariño hacia ellos proviene de encontrar placer en el ambiente conocido: la naturaleza física y real del lugar. Disfrutamos de lo conocido no por lo que podría llegar a ser, sino por lo que es. Es el único fundamento estable de una relación duradera y gratificante. La dopamina, el neurotransmisor cuyo propósito es aprovechar al máximo las recompensas futuras, nos pone en el camino hacia el amor. Acelera nuestros deseos, ilumina nuestra imaginación y nos arrastra a una relación de brillantes promesas. Pero cuando se trata del amor, la dopamina es el punto de partida, no de llegada. Nunca puede estar satisfecha. La dopamina únicamente puede decir: «MÁS».

Lecturas complementarias

Colombo, M. (2014), «Deep and beautiful. The reward prediction error hypothesis of dopamine», *Studies in History and Philosophy of Science Part C: Studies in History and Philosophy of Biological and Biomedical Sciences*, 45, 57-67.

Fisher, H., *Why we love: The nature and chemistry of romantic love*, Nueva York, Macmillan, 2004.

Fisher, H. E., Aron, A. y Brown, L. L. (2006), «Romantic love: A mammalian brain system for mate choice», *Philosophical Transactions of the Royal Society of London B: Biological Sciences*, 361(1476), 2173-2186.

Fowler, J. S., Volkow, N. D., Wolf, A. P., Dewey, S. L., Schlyer, D. J., MacGregor, R. R., Christman, D. *et al.* (1989), «Mapping cocaine binding sites in human and baboon brain in vivo», *Synapse*, 4(4), 371-377.

Garcia, J. R., MacKillop, J., Aller, E. L., Merriwether, A. M., Wilson, D. S. y Lum, J. K. (2010), «Associations between dopamine D4 receptor gene variation with both infidelity and sexual promiscuity», *PLoS One*, 5(11), e14162.

Georgiadis, J. R., Kringelbach, M. L. y Pfaus, J. G. (2012), «Sex for fun: A synthesis of human and animal neurobiology», *Nature Reviews Urology*, 9(9), 486-498.

Komisaruk, B. R., Whipple, B., Crawford, A., Grimes, S., Liu, W. C., Kalnin, A. y Mosier, K. (2004), «Brain activation during vaginocervical self-stimulation and orgasm in women with complete spinal cord injury: fMRI evidence of mediation by the vagus nerves», *Brain Research*, 1024(1), 77-88.

Marazziti, D., Akiskal, H. S., Rossi, A. y Cassano, G. B. (1999), «Alteration of the platelet serotonin transporter in romantic love», *Psychological Medicine*, 29(3), 741-745.

Previc, F. H. (1998), «The neuropsychology of 3-D space», *Psychological Bulletin*, 124(2), 123.

Skinner, B. F., *La conducta de los organismos: un análisis experimental*, Lluís Flaquer (trad.), Barcelona, Fontanella, 1975.

Spark, R. F. (2005), «Intrinsa fails to impress FDA advisory panel», *International Journal of Impotence Research*, 17(3), 283-284.

Stoléru, S., Fonteille, V., Cornélis, C., Joyal, C. y Moulier, V. (2012), «Functional neuroimaging studies of sexual arousal and orgasm in healthy men and women: A review and meta-analysis», *Neuroscience & Biobehavioral Reviews*, 36(6), 1481-1509.

2
DROGAS

Lo quieres, pero ¿te gustará?

**En donde la dopamina aplasta
la razón para crearnos un deseo
irrefrenable por la autodestrucción.**

Un tipo pasa por un restaurante y huele las hamburguesas que se están cocinando. Se imagina dándole un bocado a una; casi puede saborearla. Está a dieta, pero en ese momento no puede pensar en otra cosa que no sea una hamburguesa, así que entra y pide una. En efecto, el primer bocado es estupendo, pero el segundo no tanto. Con cada bocado, cada vez disfruta menos; y ahí termina el ansiado «paraíso de la hamburguesa». Se la acaba de todos modos, sin saber muy bien por qué; después siente náuseas y se muestra muy abatido por no haber seguido la dieta.

Cuando vuelve a salir a la calle, un pensamiento se le pasa por la cabeza: hay una gran diferencia entre querer algo y que te guste.

¿Quién controla
el cerebro?

En un momento determinado, todo el mundo se pregunta: ¿por qué? ¿Por qué hago lo que hago? ¿Por qué tomo las decisiones que tomo?

A simple vista, parece una pregunta fácil: hacemos las cosas por un motivo. Nos ponemos un jersey porque tenemos frío. Nos levantamos por la mañana y vamos a trabajar porque tenemos que pagar las facturas. Nos lavamos los dientes para evitar tener caries. Buena parte de lo que hacemos es por otras cosas: cosas como sentir calor, tener dinero para pagar las facturas o evitar que el dentista nos eche la bronca.

El problema es que podemos plantearnos esta pregunta tanto como queramos. ¿Por qué queremos sentir calor? ¿Por qué nos importa pagar las facturas? ¿Por qué queremos evitar la bronca del dentista? Los niños juegan a esto constantemente: «Es hora de acostarse». ¿Por qué? «Porque tienes que levantarte para ir al colegio mañana.» ¿Por qué? «Porque necesitas una educación.» ¿Por qué? Etcétera, etcétera.

El filósofo Aristóteles jugaba a lo mismo, pero con una finalidad más seria. Observó todo lo que hacemos para conseguir algo y se preguntó si todo esto tenía un límite. ¿Por qué vas a trabajar, en realidad? ¿Por qué necesitas ganar dinero? ¿Por qué tienes que pagar las facturas? ¿Por qué quieres tener luz? ¿Dónde está el límite? ¿Hay algo que busquemos por sí solo, no porque conduzca a algo más? Aristóteles decidió que lo había. Decidió que había una sola cosa al final de cada retahíla de porqués, y se llamaba felicidad. Todo lo que hacemos, en última instancia, es por la felicidad.

Es difícil rebatir esta conclusión. Al fin y al cabo, nos hace felices poder pagar las facturas y disponer de electricidad. Nos hace felices tener unos dientes sanos y unas mentes instruidas. Incluso nos hace felices sentir dolor si es por algo que vale la pena. La felicidad es la estrella polar que nos guía en el viaje de la vida. Cuando nos enfrentamos a distintas opciones, elegimos la que nos lleva a la mayor felicidad.

Solo que no lo hacemos.

Nuestro cerebro no está conectado de ese modo. Piensa en cuántas personas conoces que «acabaron encajando» en sus carreras o que eligieron su universidad siguiendo únicamente la intuición de que era la acertada. Solo muy de vez en cuando nos sentamos a considerar de manera racional nuestras opciones, comparando una con otra. Un ejercicio así es agotador, y los resultados rara vez nos satisfacen. Pocas veces llegamos al punto en que podemos decir con certeza que hemos tomado la decisión correcta. Es mucho más fácil limitarnos a hacer lo que queremos, así que eso hacemos.

La siguiente pregunta es, por supuesto: «Bueno, entonces, ¿qué queremos?». La respuesta depende de a quién le preguntemos: una persona podría querer ser rica, otra ser un buen padre. La respuesta depende también de cuándo se lo preguntemos. La respuesta a las nueve de la noche podría ser «cenar»; la respuesta a las siete de la mañana podría ser «dormir diez minutos más». En algunas ocasiones, la gente no tiene ni idea de lo que quiere; en otras, quieren muchas cosas a la vez, cosas que no pueden tener al mismo tiempo porque entran en conflicto entre sí. Mucha gente, cuando ve un dónut, se lo quiere comer. Mucha gente, cuando ve un dónut, no se lo quiere comer. ¿Qué pasa?

Cómo sobrevivir

Andrew era un joven veinteañero que trabajaba para una compañía que vendía *software* empresarial. Tenía confianza en sí mismo, era extrovertido y era uno de los mejores vendedores de la empresa. Le absorbía tanto su trabajo que apenas pasaba tiempo relajándose o haciendo otras actividades, excepto una: ligar con mujeres. Calculaba que se había acostado con más de cien mujeres, pero nunca había tenido una relación estable con ninguna de ellas. Era algo que deseaba, algo que sabía que era importante para su felicidad duradera, y admitía que el camino para lograrla no era seguir con esta pauta del rollo de una noche. No obstante, la pauta continuó.

Querer o desear deriva de una parte del paleoencéfalo, en lo más profundo del cráneo, denominada área ventral tegmental. Es rica en dopamina; de hecho, es una de las dos regiones principales que segregan dopamina. Al igual que la mayoría de las células cerebrales, las células que crecen ahí tienen largas colas que serpentean a través del encéfalo hasta llegar a un lugar denominado núcleo accumbens. Cuando estas células de colas largas se activan, liberan dopamina en el núcleo accumbens y producen la sensación que conocemos como motivación. El término científico para este circuito es vía mesolímbica, aunque es más fácil llamarlo simplemente el circuito dopaminérgico del deseo (figura 1).

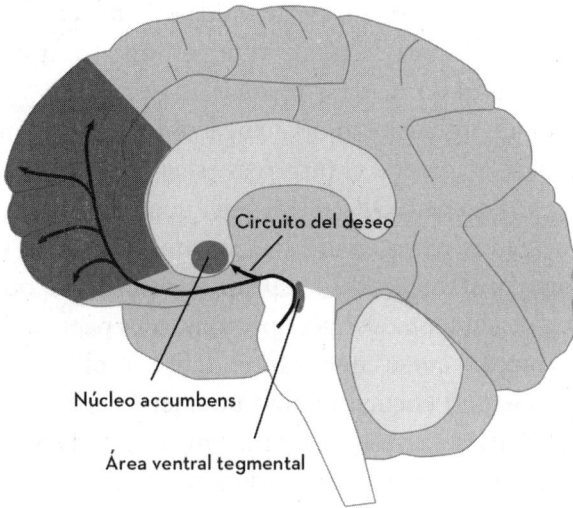

Figura 1

Este circuito dopaminérgico evolucionó para fomentar conductas dirigidas a la supervivencia y la reproducción, o, simplificando, para ayudarnos a conseguir alimento y sexo, y ganar a los competidores. Es el circuito del deseo el que se activa cuando ves un plato de dónuts en la mesa, y se activa no por necesidad, sino por la presencia de algo atractivo desde un punto de vista evolutivo o de subsistencia. Es decir, en el momento en que se ve algo así, el circuito se activa tanto si estás hambriento como si no. Esa es la naturaleza de la dopamina. Siempre se centra en obtener más de lo que sea con la mirada puesta en el futuro. El hambre es algo que ocurre aquí y ahora, en el presente. Pero la dopamina dice: «Vamos, cómete el dónut aunque no tengas hambre. Aumentará tus posibilidades de supervivencia en el futuro. Quién sabe cuándo volverá a haber comida». Esto tenía sentido para nuestros ancestros evolutivos, que pasaron casi toda su vida al borde de la inanición.

Para un organismo biológico, el objetivo más importante en relación con el futuro es estar vivo cuando este llegue. Como resultado, el sistema dopaminérgico está más o menos obsesionado con mantenernos con vida. Explora constantemente el entorno en busca de nuevas fuentes de alimento, cobijo, oportunidades para emparejarse y otros recursos que mantendrán la replicación del ADN. Cuando encuentra algo potencialmente valioso, la dopamina se activa y envía un mensaje: «Despierta. Presta atención. Esto es importante». Lo envía creando la sensación de deseo y, a menudo, de entusiasmo. La sensación de querer no es una decisión personal. Es una reacción a lo que encuentras.

El hombre que pasaba por el restaurante de hamburguesas olió a comida, y aunque tal vez le rondaran por la cabeza otras prioridades, la dopamina le dio un impulso casi irresistible: quería esa hamburguesa. A pesar de que el objetivo principal era otro, es el mismo mecanismo que funcionaba en nuestro cerebro hace miles de años. Imagina a una de nuestras antepasadas caminando por la sabana. Es una mañana despejada. Está saliendo el sol, los pájaros cantan y todo está como siempre. Camina, mirando sin ver, con la mente dispersa, cuando de repente se topa con unos arbustos cubiertos de bayas. Ha visto estos arbustos muchas veces antes, pero nunca habían tenido bayas. Anteriormente había paseado la vista por estos arbustos, con la mente en otro sitio, pero ahora se está fijando. Su concentración se agudiza a medida que mira una y otra vez los arbustos, observando todos sus detalles. En su interior brota la emoción. El futuro se ha vuelto un poco más seguro debido a que el arbusto de hojas verde oscuro da frutos.

El circuito del deseo, impulsado por la dopamina, ha entrado en acción.

Recordará ese lugar donde crecen los arbustos con bayas. A partir de ahora, cada vez que vea ese arbusto, se liberará un poco de dopamina para hacer que esté más alerta y darle un toque de entusiasmo, lo mejor para motivarla a obtener lo que puede ayudarla a sobrevivir. Se ha formado un recuerdo importante porque está ligado a la supervivencia y porque ha sido desencadenado por la liberación de dopamina. Pero ¿qué sucede cuando la dopamina se descontrola?

POR QUÉ VIVIMOS EN UN MUNDO DE FANTASMAS

Cuando Andrew veía a una mujer atractiva, acostarse con ella se convertía en lo más interesante de su vida. Todo lo demás se volvía aburrido. Por lo general, conocía a mujeres en los bares y, cuando no estaba trabajando, ahí es donde quería estar. A veces se decía a sí

mismo que solo iba a relajarse y a tomarse unas cervezas. Le gustaba el ambiente, y en ocasiones se esforzaba
mucho para evitar la tentación de ligar con alguien. Sabía que, en cuanto el sexo se acabara, perdería interés
por la joven, y no le gustaba esa sensación. Pero, pese a
saber cómo acabaría el tema, solía caer en la tentación.

Poco después las cosas empeoraron. Perdía el interés en cuanto la mujer accedía a ir a su casa. Cuando la
caza llegaba a su fin, todo se volvía distinto. A sus ojos,
ella parecía incluso diferente, una transformación que se
producía en un abrir y cerrar de ojos. Cuando llegaban
a su piso, ya no quería tener relaciones sexuales con ella.

A grandes rasgos, decir que algo es «importante» es
otro modo de decir que está vinculado a la dopamina.
¿Por qué? Porque entre las muchas cosas que hace, la
dopamina es un sistema de alerta previa ante la aparición de todo lo que pueda ayudarnos a sobrevivir. Cuando aparece algo útil para nuestra pervivencia, no hace
falta que pensemos en ello. La dopamina hace que lo
queramos en el acto. Da igual si nos va a gustar o incluso
si lo necesitamos en ese momento. A la dopamina no le
importa. La dopamina es como la viejecita que siempre
compra papel higiénico. Da lo mismo si tiene miles de
rollos amontonados en la despensa. Su planteamiento es
que nunca puedes tener demasiado papel higiénico. Lo
mismo ocurre con la dopamina, pero, a diferencia del
papel higiénico, esta te impulsa a poseer y a acumular
todo lo que podría ayudarte a mantenerte vivo.

Esto explica por qué el hombre que estaba a dieta
quería una hamburguesa a pesar de que no tenía ham-

bre. Explica por qué Andrew no podía dejar de buscar mujeres pese a saber que, pocas horas después, tal vez tan solo unos minutos, se sentiría insatisfecho. Pero también explica más matices; por ejemplo, por qué nos acordamos de algunos nombres pero no de otros. Hay toda clase de trucos que uno puede usar para facilitar el recuerdo, como decir el nombre de la persona varias veces durante una conversación. Pero, aunque parezca que el nombre se ha memorizado, casi siempre desaparece en un santiamén. Los nombres importantes, los de quienes pueden afectar a nuestras vidas, son más fáciles. El nombre de la persona que coqueteó contigo en la fiesta lo recordarás más que el nombre de quien te ignoró. Lo mismo ocurre con el nombre del hombre que concertó contigo una cita porque quiere darte trabajo; su nombre se te quedará grabado de manera más fiable si estás en paro. De forma parecida, las ratas macho recuerdan más fácilmente la ruta correcta en un laberinto si hay una hembra en celo al otro extremo. A veces, la intensidad del objetivo principal puede ser tan grande que la atención se centra en cosas que no importan en detrimento de las que sí. Se le pidió a un hombre que tenía una pistola Beretta de 9 mm apuntándole a la cara durante un atraco que describiera a su asaltante. Dijo: «No recuerdo su cara, pero puedo describir el arma».

En condiciones más normales, no obstante, la activación de la dopamina en el circuito del deseo desencadena la energía, el entusiasmo y la esperanza. Sienta bien. De hecho, algunas personas pasan la mayor parte de sus vidas en busca de esta sensación, una sensación de expectación, de que la vida consiste en mejorar. Estás a punto de tomarte una cena deliciosa, ves a un viejo amigo, logras una gran venta o recibes un prestigioso premio. La dopamina activa la imaginación y da lugar a visiones de un futuro prometedor.

¿Qué pasa cuando el futuro se torna en presente?, ¿cuando tienes la cena en la boca o tu amante está en tus brazos? Los sentimientos de emoción, entusiasmo y energía se disipan. La dopamina se ha detenido. Los circuitos dopaminérgicos no procesan la experiencia en el mundo real, solo posibilidades de futuro ficticias. Para muchas personas es una decepción. Están tan apegadas a la estimulación dopaminérgica que huyen del presente y se refugian en el mundo confortable de su propia imaginación. «¿Qué haremos mañana?», se preguntan a sí mismas mientras mastican sin notar siquiera la comida que tanto habían esperado. El lema de los amantes de la dopamina es «viajar con esperanza es mejor que llegar».

El futuro no es real. Está formado por un montón de posibilidades que solo existen en nuestra mente. Esas posibilidades tienden a idealizarse; no solemos imaginar un resultado mediocre. Tendemos a pensar en el mejor de los mundos posibles, y eso hace que el futuro sea más atractivo. Por otro lado, el presente es real. Es concreto. Se vive, no se imagina, y eso requiere un conjunto distinto de sustancias químicas cerebrales: los neurotransmisores del aquí y ahora. La dopamina hace que queramos cosas con pasión, pero son las moléculas del aquí y ahora las que nos permiten apreciarlas: los sabores, los colores, las texturas y los aromas de una comida de cinco platos, o las emociones que sentimos cuando pasamos tiempo con las personas que queremos.

Querer frente a gustar

El paso de la ilusión al placer puede ser difícil. Piensa en el remordimiento del comprador, el sentimiento de arrepentimiento después de hacer una gran compra. Tradicionalmente, se ha atribuido al miedo de haber tomado la decisión equivocada, la culpa por el despilfarro o el recelo de haberse visto demasiado influenciado por el vendedor. En realidad, es un ejemplo del circuito del deseo rompiendo su promesa. Te dijo que, si comprabas ese coche caro, te llenaría de alegría y tu vida nunca volvería a ser la misma. En cambio, en cuanto te convertiste en su propietario, esos sentimientos no fueron ni tan intensos ni prolongados como habías esperado. El circuito del deseo suele romper sus promesas, y tiene que ser así, porque no influye en generar sentimientos de satisfacción. No está en posición de hacer realidad los sueños. El circuito del deseo es, por así decirlo, solo un vendedor.

Al prever una compra deseada, nuestro sistema dopaminérgico con miras al futuro se activa y crea ilusión. Una vez que lo conseguimos, el objeto deseado pasa del espacio extrapersonal *de arriba* al espacio peripersonal *de abajo*; del futuro, el terreno lejano de la dopamina, a la consumación, el terreno cercano al cuerpo del aquí y ahora. El remordimiento es el fracaso de la experiencia del aquí y ahora para compensar la pérdida de la activación dopaminérgica. Si hicimos una buena compra, es posible que una fuerte gratificación del aquí y ahora compense la pérdida de la emoción de la dopamina. En su defecto, otra forma de evitar el remordimiento del comprador es adquirir algo que desencadene más expectativas dopaminérgicas, por ejemplo, un aparato, como un nuevo ordenador que mejorará tu productividad, o una chaqueta nueva, que te quedará la mar de bien la próxima vez que salgas.

Así pues, vemos tres posibles soluciones al remordimiento del comprador: (1) buscar el subidón de dopamina comprando más, (2) evitar la caída de la dopamina comprando menos, o (3) reforzar la capacidad de pasar del deseo dopaminérgico al gusto del aquí y ahora. En ningún caso, no obstante, existe la garantía de que disfrutaremos de las cosas que queremos con tanto desespero una vez que las tengamos. El deseo y el gusto se originan en dos sistemas distintos del cerebro, por lo que a menudo no nos gusta lo que queremos. Esto es lo que pasa en una escena de la comedia *The Office* en la que Will Ferrell, como jefe provisional Deangelo Vickers, corta un pastel:

DEANGELO: A mí me encantan las esquinas.

Corta una esquina y se la come con la mano.

DEANGELO: ¿Por qué acabo de hacer esto? No es que mate. Ni siquiera lo quiero. Ya he comido pastel en la comida.

Tira a la basura lo que le queda en la mano.

DEANGELO (*metiendo los dedos en el pastel y cogiendo otro trozo*): No. ¿Sabes qué? Me he portado bien. Me lo merezco.

Hace una pausa y entonces:

DEANGELO: ¿Qué estoy haciendo? ¡Venga, Deangelo!

Tira también ese trozo y luego se vuelve hacia el pastel.

Se inclina para poder gritarle.

DEANGELO: ¡No! ¡No!

Distinguir entre lo que queremos y lo que nos gusta puede ser difícil, pero la desconexión es más drástica cuando la gente se engancha a las drogas.

SECUESTRO DEL CIRCUITO DEL DESEO

Dado que invertía tanto tiempo rondando a las mujeres, Andrew pasaba buena parte de su tiempo libre en los bares. Cuando iba a la universidad, acudía a fiestas donde bebía hasta la madrugada, por lo que pasearse con una cerveza en la mano le parecía de lo más natural. Después de graduarse, la mayoría de sus compañeros de copas pasaron a otras cosas. El alcohol ya no ocupaba un lugar central en sus vidas. Pero Andrew, para quien un bar era como su casa, continuó bebiendo. Cuando encontraba a alguien que le interesaba, bebía más rápido. Bajo la influencia de unos ojos chispeantes, el mundo era un lugar más emocionante, lo que alimentaba su disfrute del alcohol.

Supo que la bebida se había vuelto un problema cuando sus resacas matutinas afectaron a su rendimiento laboral. Sus ventas empezaron a caer, y su terapeuta le aconsejó que dejara por un tiempo la bebida. Le recomendó que lo intentara treinta días para que pudiera ver qué se sentía al estar sobrio. El terapeuta sabía que, si un bebedor empedernido lo lograba, se suele encontrar mejor —lúcido, lleno de energía, más capaz de disfrutar de los pequeños placeres de la vida—, y que esa sensación aumenta la motivación para mantenerse sobrio. Por otro lado, si un bebedor no puede conseguir estar sobrio treinta días, eso indica que ya no controla totalmente su consumo. Esta puede ser una experiencia reveladora que puede convencer a un bebedor a eliminar el alcohol de su vida.

Andrew lo intentó y no le costó abstenerse, salvo cuando estaba en un bar buscando a alguien con quien acostarse. Había algo en el lugar, algo de la experiencia conocida de ir tras alguien, que le provocaba fuertes ansias de consumir. Su terapeuta se preocupó más y consideró que Andrew cumplía los criterios de un trastorno por consumo de bebidas alcohólicas. Le pidió a Andrew que intentara ir a algunas reuniones de Alcohólicos Anónimos.

Andrew no estaba de acuerdo con el diagnóstico. Estaba centrado en superar su compulsión por el sexo anónimo. Confiaba en que, si la controlaba, ya no tendría que ir a bares y el problema del alcohol se resolvería solo. La terapia duró mucho tiempo, y, a pesar de sus constantes discusiones con su terapeuta, el alcoholismo aumentó. Con el tiempo, no obstante, logró su objetivo. Conoció a alguien que despertó su interés y, para su satisfacción, este no desapareció. Después de algunos tropiezos, dejó del todo sus rollos de una noche. Ya no iba mucho de bares, pero, para su sorpresa, siguió bebiendo alcohol. El consumo de alcohol se había abierto paso hasta su cerebro, había modificado sus circuitos y ya no podía parar.

Al igual que un misil guiado, las drogas alcanzan el circuito del deseo con una explosión química intensa. Ninguna conducta natural puede igualar eso. Ni la comida, ni el sexo ni nada.

Según Alan Leshner, exdirector del Instituto Nacional sobre el Abuso de Drogas de Estados Unidos, las drogas «secuestran» el circuito del deseo. Lo estimulan de forma mucho más intensa que recompensas naturales como la comida o el sexo, que afectan al mismo sistema de motivación cerebral. Por eso la adicción a la comida y al sexo tienen tanto en común con la drogadicción. Los circuitos cerebrales que evolucionaron para el fin esencial de mantenernos con vida pasan a ser controlados por una sustancia química adictiva y reutilizados para esclavizar al drogadicto que cae en su red.

La drogadicción es como el cáncer: comienza siendo pequeña, pero enseguida puede tomar el control de todos los aspectos de la vida del toxicómano. Un alcohólico puede empezar como un bebedor moderado. A medida que pasa, poco a poco, por ejemplo, de unas cuantas cervezas el fin de semana a un litro de vodka diario, otros aspectos de su vida se ven totalmente afectados. Al principio, deja de ir a los partidos de béisbol de su hijo para poder estar en casa y beber. Poco después deja de acudir a las reuniones con los profesores y, luego, a todas las actividades familiares. Lo último que deja es el trabajo, ya que le proporciona dinero para comprar alcohol. Pero al final tampoco va al trabajo. Al igual que un tumor, el alcoholismo se ha extendido, y toda la vida del alcohólico se centra exclusivamente en beber. ¿Estaba tomando decisiones con la cabeza? Visto desde fuera, no lo parece.

Pero, desde dentro, donde vemos a la dopamina en acción, tiene mucho sentido.

El sistema dopaminérgico evolucionó para motivarnos a sobrevivir y reproducirnos. Para mucha gente, no hay nada más importante que estar vivo y proteger a sus hijos. Estas son las actividades que producen los mayores picos de dopamina. De forma muy literal, los grandes picos de dopamina reflejan la necesidad de reaccionar ante situaciones de vida o muerte. Refugiarse. Encontrar comida. Proteger a los hijos. Son tareas que afectan mucho al sistema dopaminérgico. ¿Qué podría ser más importante?

Para un toxicómano, las drogas son lo más importante. Al menos es lo que parece. Esa explosión dopaminérgica como la de un misil guiado supera a todo lo demás. Si tomar decisiones es como sopesar las opciones en una balanza, una droga es un elefante sentado en uno de los platillos. No hay nada capaz de competir con ella.

Un toxicómano prefiere las drogas al trabajo, la familia, todo. Uno cree que está tomando decisiones irracionales, pero su cerebro le está diciendo que sus elecciones son perfectamente lógicas. Si alguien te pide que elijas entre una comida en un bonito restaurante, incluso el mejor de la ciudad, y un cheque por valor de un millón de dólares, es ridículo pensar que elegirás la cena. Así es exactamente como se siente un drogadicto cuando elige entre, por ejemplo, pagar el alquiler y comprar *crack*. Escoge lo que le llevará a un mayor subidón de dopamina. La euforia producida por el *crack* es mayor que la generada por cualquier otra experiencia que puedas imaginar. Y es racional desde el punto de vista de la dopamina del deseo, que es la que guía la conducta de los drogadictos.

Las drogas son básicamente distintas de los desencadenantes naturales de dopamina. Cuando estamos hambrientos, no hay nada más motivador que conseguir comida. Pero en cuanto comemos, la motivación por obtener comida desciende debido a la activación de los circuitos de la saciedad y a la detención del circuito del deseo. Son sistemas de control y equilibrio que existen para que todo permanezca estable. Pero para el *crack* no existe ningún circuito de la saciedad. Los toxicómanos toman drogas hasta que pierden el conocimiento, se ponen enfermos o se quedan sin dinero. Si le preguntas a un drogadicto cuánto *crack* quiere, solo hay una respuesta: más.

Veámoslo desde otro ángulo. El objetivo del sistema dopaminérgico es predecir el futuro y, cuando se produce una recompensa inesperada, enviar una señal que dice: «Presta atención. Es hora de aprender algo nuevo sobre el mundo». De este modo, los circuitos llenos de dopamina se vuelven maleables. Se transforman en patrones nuevos. Se establecen nuevos recuerdos, se crean nuevas conexiones. «Recuerda lo que pasó —dice el circuito dopaminérgico—. Esto puede serte útil en el futuro.»

¿Cuál es el resultado final? No te sorprenderás la próxima vez que llegue una recompensa. Cuando descubriste el sitio web que transmitía tu música favorita fue emocionante. Pero la siguiente vez que lo visitaste no lo fue. Ya no hay ningún error de predicción de recompensa. La dopamina no está pensada para ser un depósito de alegría duradera. Al moldear el cerebro de modo que los acontecimientos sorprendentes sean predecibles, la dopamina maximiza los recursos, como se supone que debe hacer, pero durante el proceso, al eliminar la sorpresa y suprimir el error de predicción de recompensa, reprime su propia actividad.

Pero las drogas son tan potentes que sortean el complicado sistema de circuitos de la sorpresa y la predicción y activan de forma artificial el sistema dopaminérgico. De esta manera, lo revuelven todo. Lo único que queda es una necesidad imperiosa de consumir más.

Las drogas destruyen el frágil equilibrio que el cerebro necesita para funcionar con normalidad. Las drogas estimulan la liberación de dopamina, sin tener en cuenta el tipo de situación en la que se encuentre quien las consume. Eso confunde al cerebro, que empieza a conectar el consumo de drogas con todo. Poco después, el cerebro se convence de que las drogas son la respuesta a todos los aspectos de la vida. ¿Tienes ganas de celebrar algo? Toma drogas. ¿Te sientes triste? Toma drogas. ¿Sales con un amigo? Toma drogas. ¿Te sientes estresado, aburrido, relajado, tenso, enfadado, poderoso, resentido, cansado, lleno de energía? Toma drogas. Las personas que están en programas como el de los doce pasos de Alcohólicos Anónimos dicen que los alcohólicos han de tener cuidado con tres cosas que podrían provocar las ansias de consumo y llevar a una recaída: la gente, los sitios y las cosas.

EL DROGADICTO QUE YA NO PODRÁ CONSEGUIR UNA ROPA BLANCA Y RESPLANDECIENTE

Las señales entre los drogadictos pueden ser extrañas. Un extoxicómano tuvo que dejar de ver dibujos animados porque su camello imprimía personajes de esos dibujos en los paquetes de droga que vendía. En ocasiones, los toxicómanos ni siquiera saben qué está provocando sus ansias de consumir drogas. Un heroinómano que intentaba dejar las drogas se dio cuenta de que se veía superado por el ansia de drogarse cada vez que iba al supermercado. No tenía ni idea de por qué, pero aquello estaba haciendo estragos en su tratamiento. Un día, él y su psicoterapeuta de apoyo dieron un paseo hasta el supermercado para intentar averiguar qué estaba pasando. La psicoterapeuta le pidió a su paciente que le dijera cuándo le entraban las ganas de consumir. Recorrieron los pasillos de arriba abajo, uno por uno, hasta que de repente el paciente se paró y dijo: «Ahora». Estaban en el pasillo del detergente, de pie delante de un estante lleno de lejía. Antes de empezar el tratamiento, el toxicómano había reutilizado agujas hipodérmicas sumergiéndolas en lejía para evitar infectarse por el VIH.

LA RAZÓN POR LA QUE LOS DROGADICTOS CREEN QUE FUMAR *CRACK* ES MEJOR QUE ESNIFAR COCAÍNA

La capacidad para activar la dopamina en el circuito del deseo es lo que hace que una droga sea adictiva. Lo hace el alcohol, lo hace la heroína, lo hace la cocaína, lo hace incluso la marihuana. Sin embargo, no todas las drogas activan la dopamina en la misma medida. Las que provocan un subidón de dopamina más fuerte son más adictivas que las que lo hacen de manera más contenida. Al activar la liberación de más dopamina, las que «colocan mucho» hacen también que el drogadicto se sienta más eufórico y estimulan las ansias de consumo de forma más intensa cuando la droga ha desaparecido. La intensidad varía según la droga. Los fumadores de porros suelen estar menos desesperados por conseguir más droga que los cocainómanos. Pero, más allá de estas diferencias, todas las drogas comparten la descarga dopaminérgica y las ansias de consumo posteriores.

Muchos factores explican estas diferencias. La estructura química de las moléculas que componen cada droga desempeña un papel importante; algunas sustancias químicas son mejores que otras para impulsar la dopamina a lo largo de su ruta. Pero hay también otras consideraciones. Por ejemplo, el *crack* que fuman los drogadictos es básicamente la misma molécula que la cocaína en polvo que esnifan; sin embargo, el *crack* es mucho más adictivo, tanto que, cuando el *crack* fue fácil de conseguir en los años ochenta, pilló por sorpresa al mundo de las drogas de consumo social.

¿Qué tiene de «genial» el *crack* para haber copado el mercado de la cocaína y esclavizado químicamente a miles de personas? Desde una perspectiva científica, la respuesta es simple: la velocidad de aparición de los efectos.

Pensemos en una droga como el alcohol, que provoca la liberación de dopamina. Cuanto más rápido llega al cerebro, más subidón experimentará el bebedor. En la figura 2, el eje horizontal muestra el tiempo que ha pasado, y el eje vertical, qué cantidad de droga ha llegado al cerebro del bebedor. Si alguien está tomando una copa de chardonnay, el gráfico aumentará suavemente hacia la derecha. Por otro lado, si esa misma persona empezara a tomar chupitos de vodka, el gráfico mostraría una pendiente pronunciada que asciende con rapidez.

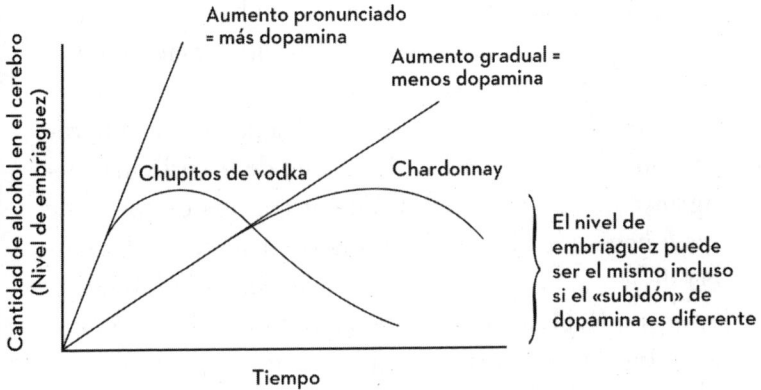

Figura 2

La pendiente de la línea indica la velocidad a la que el nivel de la droga —en este caso, el alcohol— está aumentando en el cerebro. Y cuanto más rápido sea el aumento, más dopamina se libera, más euforia y más ansias de consumo con el tiempo.

Por eso fumar *crack* es más apetecible que esnifar cocaína en polvo: fumar produce una descarga de dopamina más rápida y mayor. La cocaína común no se puede fumar; el calor la destruye. Transformarla en *crack* hace que se pueda fumar, por lo que la droga se mete en el cuerpo a través de los pulmones en lugar de por la nariz. Eso supone una diferencia importante.

Cuando la cocaína en polvo asciende por la nariz, llega a la mucosa nasal, la membrana roja en el interior de la nariz. Es roja porque los vasos sanguíneos están en la superficie. La cocaína entra en el torrente sanguíneo a través de estos vasos, pero esto no es muy eficiente; ahí no hay mucho espacio. A veces, cuando un toxicómano esnifa una raya de cocaína, parte del polvo no llega nunca a su sistema porque no hay espacio suficiente en la superficie de la mucosa.

Esto no significa que esnifar cocaína no sea peligroso y adictivo, sino que hay un modo de hacerlo más peligroso y adictivo: fumarla. Fumar cocaína en forma de *crack* hace que el proceso sea más eficiente. A diferencia de la mucosa nasal, la superficie de los pulmones es enorme. Repletos de cientos de millones de diminutos alvéolos, la superficie es equivalente a un lado de una pista de tenis. Hay muchísimo espacio ahí, y cuando la cocaína vaporizada llega a los pulmones, va directa al torrente sanguíneo y sube hasta el cerebro. Es una pendiente pronunciada —una absorción repentina— que supone un gran impacto para el sistema dopaminérgico.

La relación entre un incremento rápido de la concentración sanguínea y la liberación de dopamina es asimismo el motivo por el que los toxicómanos pasan a pincharse la droga en vena. Otras vías de administración ya no les proporcionan la emoción que andan buscando. Inyectarse drogas da miedo, eso sí, y es un signo claro de un drogadicto, así que el estigma y el temor a la jeringuilla tal vez detengan a muchos de ellos a seguir adelante. Por desgracia, fumar la droga hace que llegue al cerebro más o menos tan rápido como una inyección intravenosa. Además, fumar carece del estigma asociado con las jeringuillas. Como resultado, muchos drogadictos que podrían consumir cocaína de forma ocasional acaban teniendo una dependencia destructiva. Lo mismo sucedió con la metanfetamina cuando estuvo disponible en forma fumable.

BORRACHO FRENTE A COLOCADO: ¿CUÁL ES LA DIFERENCIA?

Hay una gran diferencia entre estar colocado y estar borracho, pero no todo el mundo lo sabe. Menos aún entienden el porqué.

Una noche de copas sienta bien al principio. El nivel de alcohol sube enseguida y uno se siente bien; es euforia dopaminérgica, relacionada directamente con lo rápido que el alcohol llega al cerebro. No obstante, a medida que avanza la noche, el ritmo de aumento se ralentiza y la dopamina se desactiva. La euforia da paso a la borrachera. La primera fase de incremento de los niveles de alcohol podría caracterizarse por un aumento de energía, emoción y placer. La embriaguez, por otro lado, se caracteriza por la sedación, la falta de coordinación, el habla confusa y un escaso sentido de la realidad. La velocidad a la que el alcohol llega al cerebro determina lo colocado que se siente un bebedor. Es la suma total del alcohol consumido, independientemente de si ha sido rápido o lento, lo que determina el nivel de embriaguez.

Los bebedores sin experiencia confunden el placer que produce la dopamina con el consumo de alcohol. Al comenzar a beber, aumenta su nivel de alcohol en sangre y sienten los placeres de la liberación de la dopamina; después creen erróneamente que ese placer es producto de la borrachera. Así que siguen bebiendo más y más, intentando en vano recuperar el subidón. Suele acabar mal, a menudo inclinados sobre un váter.

Algunas personas lo descubren por sí solas. Una mujer que fue a una fiesta explicó que siempre se divertía más bebiendo cócteles que cerveza. A primera vista, esto parece no tener sentido, porque el alcohol es alcohol, tanto si es de una cerveza como de un daiquiri. Pero la ciencia confirma la experiencia de la mujer. Un cóctel está más concentrado y suele estar azucarado, por lo que la gente tiende a beberlo más deprisa. Los cócteles contienen por lo general más alcohol que la cerveza o el vino. Por lo tanto, un cóctel proporciona mucho alcohol de forma rápida, un estallido de estimulación dopaminérgica, a diferencia de una noche en la que alguien se emborracha lentamente. Esta mujer quería euforia, no embriaguez, así que por supuesto los cócteles hacían que se lo pasara mejor. Estaba teniendo un subidón de dopamina a partir de unos cuantos cócteles, algo que no conseguiría tomándose muchas cervezas en una noche.

La ansiedad por consumir
que nunca cesa

A pesar de que el ansia por consumir nunca cesa mientras el toxicómano siga consumiendo drogas, el cerebro va perdiendo poco a poco su capacidad de proporcionar el subidón; el circuito del deseo simplemente reacciona cada vez menos, tanto es así que bien podría sustituirse la droga por agua salada.[1]

Patrick Kennedy, antiguo miembro de la Cámara de Representantes de Estados Unidos por el primer distrito electoral de Rhode Island e hijo del difunto senador de Massachusetts Ted Kennedy, conoce el estímulo cada vez menor que proporciona el consumo de drogas. Probablemente sea el principal defensor de la investigación del cerebro y la mejora de los servicios de salud mental en Estados Unidos. Ha luchado en primera persona contra la drogadicción y los trastornos mentales, reconociendo públicamente sus problemas después de estrellarse contra una barrera en el Capitolio en mitad de la noche. En una entrevista para *60 Minutes* con Lesley Stahl, habló de la necesidad de consumir, incluso en ausencia de placer: «No se trata de una fiesta. No disfrutas. Se trata de aliviar el dolor. La gente tiene la idea equivocada de que te colocas. Lo que en realidad obtienes es un alivio al bajón».

1. Cuando los científicos inyectaron a cocainómanos de toda la vida un estimulante parecido a la cocaína, liberaron un 80 % menos de dopamina que las personas sanas a las que se les dio la misma droga. La dopamina que liberaron los drogadictos era aproximadamente la misma que observaron los científicos cuando inyectaron un placebo, una sustancia inactiva, como agua salada.

Por eso, aunque un toxicómano consuma tanta cocaína (o heroína o alcohol o marihuana) que ya no hace que se sienta colocado, seguirá consumiéndola.

¿Recuerdas la agradable sorpresa de la cafetería con el café y los cruasanes deliciosos? Ibas paseando sin esperar nada, apareció algo bueno y el sistema dopaminérgico se puso en marcha; de ahí que tu «predicción» fuera errónea y notaras el estallido de dopamina a partir del error de predicción de recompensa. Empezaste a ir a esa cafetería todos los días. Ahora imagina que estás haciendo cola para tomar tu café y tu cruasán matutinos y de repente suena el teléfono. Es tu jefa. Hay una emergencia en el trabajo. «Deja lo que estés haciendo —dice— y ven de inmediato a la oficina.» Suponiendo que seas una persona concienzuda, te vas de la cafetería con las manos vacías y con una sensación de resentimiento y privación.

Pongamos ahora que es sábado por la noche y el cerebro de un drogadicto está esperando su «premio» habitual del sábado noche, cocaína, pero no llega. Al igual que el oficinista que se ha quedado sin su cruasán, el toxicómano que se ha visto privado de la droga tendrá una sensación de resentimiento y privación.

Cuando una recompensa esperada no se materializa, el sistema dopaminérgico se detiene. En términos científicos, cuando el sistema dopaminérgico está en reposo, se activa sin prisas de tres a cinco veces por segundo. Cuando está excitado, aumenta a toda velocidad de veinte a treinta veces por segundo. Cuando una recompensa esperada no se materializa, el ritmo de activación de la dopamina se reduce a cero, y eso sienta fatal.

Por eso, un cese de dopamina te deja con la sensación de resentimiento y privación. Así es como se siente todos los días un drogadicto en fase de desintoxicación mientras lucha por no recaer. Se necesita muchísima fuerza, determinación y apoyo para superar la adicción. No te metas con la dopamina. Te la devuelve con creces.

El deseo es persistente, pero la felicidad es efímera

Caer en la tentación de consumir drogas no necesariamente conduce al placer porque querer algo no es lo mismo que disfrutarlo. La dopamina hace promesas que no está en condiciones de cumplir. «Si compras estos zapatos, tu vida cambiará», dice el circuito del deseo, y tal vez eso ocurra, pero no porque la dopamina ha hecho que lo sientas.

El doctor Kent Berridge, profesor de Psicología y Neurociencia de la Universidad de Michigan, es un pionero en las investigaciones para desentrañar el funcionamiento de los circuitos del deseo de la dopamina a partir de los circuitos del disfrute del aquí y ahora. Observó que, cuando una rata prueba una solución glucosada, indica que le gusta lamiéndose los labios. En cambio, expresa su deseo tomando más líquido dulce. Cuando inyectó una sustancia química en el cerebro de la rata que estimulaba la dopamina, tomó más agua azucarada, pero no mostró mayores signos de que le gustara. Por otro lado, cuando inyectó una dosis de refuerzo del aquí y ahora, pudo triplicar la respuesta de relamerse los labios. De pronto, el agua azucarada se volvió mucho más deliciosa.

En una entrevista para *The Economist*, el doctor Berridge señaló que el sistema del deseo dopaminérgico es potente e influye mucho en el cerebro, mientras que el circuito del disfrute es diminuto y frágil y cuesta mucho más activarlo. La diferencia entre los dos es la razón por la que «los placeres intensos de la vida son menos frecuentes y menos prolongados que el deseo intenso».

En el disfrute intervienen distintos circuitos cerebrales y se usan las sustancias químicas del aquí y ahora, no la dopamina, para enviar mensajes. En concreto, el disfrute depende de las mismas sustancias químicas que fomentan la satisfacción prolongada del amor de compañeros: las endorfinas y los endocanabinoides. Debido a que los opiáceos como la heroína y la oxicodona alteran el circuito del deseo y el circuito del disfrute (donde actúan la dopamina y la endorfina), se encuentran entre las drogas más adictivas que existen. La marihuana es parecida. También interactúa con ambos circuitos, estimulando el sistema dopaminérgico y el endocanabinoide. Este doble efecto produce unos resultados inusuales.

Estimular la dopamina puede llevar a una implicación entusiasta en cosas que, de otro modo, se percibirían como sin importancia. Por ejemplo, los consumidores de marihuana son conocidos por ponerse delante de un fregadero para observar cómo el agua gotea de un grifo, cautivados por la visión, por lo demás intrascendente, de las gotas cayendo una y otra vez. El efecto estimulante de la dopamina es también evidente cuando los fumadores de marihuana se pierden en sus propios pensamientos, flotando sin rumbo en mundos imaginarios que ellos mismos han creado. Por otro lado, en algunas situaciones la marihuana inhibe la dopamina, imitando lo que tienden a hacer las moléculas del aquí y ahora. En ese caso, las actividades que normalmente se asociarían con el querer y la motivación, como ir a trabajar, estudiar o darse una ducha, parecen tener menos importancia.

LA IMPULSIVIDAD Y LA ESPIRAL DESCENDENTE

Muchas de las decisiones que toman los drogadictos, sobre todo las perjudiciales, son impulsivas. La conducta impulsiva se produce cuando se valora en exceso el placer inmediato y no lo suficiente las consecuencias a largo plazo. La dopamina del deseo domina las partes más racionales del cerebro. Tomamos decisiones que sabemos que no nos convienen, pero no podemos resistirnos. Es como si nuestro libre albedrío se hubiera visto alterado por un impulso irresistible hacia un placer inmediato; quizá sea una bolsa de patatas fritas cuando estamos a dieta, o darnos el capricho de una velada cara que en realidad no podemos permitirnos.

Las drogas que estimulan la dopamina también pueden estimular una conducta impulsiva. Un cocainómano dijo en una ocasión: «Cuando me hago una raya de cocaína, me siento un hombre nuevo. Y lo primero que un hombre nuevo quiere es otra raya de cocaína». Cuando el toxicómano estimula su sistema dopaminérgico, este reacciona pidiendo más estimulación. Por eso la mayoría de los cocainómanos fuman cigarrillos cuando consumen cocaína. Al igual que esta, la nicotina estimula más la liberación de dopamina, pero es más barata y fácil de conseguir.

La nicotina, de hecho, es una droga poco usual porque hace poca cosa, excepto provocar un consumo compulsivo. Según el doctor Roland R. Griffiths, investigador y profesor de Psiquiatría y Ciencias de la Conducta de la Facultad de Medicina de la Universidad Johns Hopkins: «Cuando le das nicotina a la gente por primera vez, a la mayoría de las personas no les gusta. Es distinta de muchas otras drogas con las que la gente dice que disfruta la primera vez y que las probaría de nuevo». La nicotina no provoca el mismo subidón que la marihuana, ni la misma embriaguez que el alcohol ni la misma euforia que las anfetaminas. Algunos afirman que los hace sentirse más relajados o más alerta, pero, en realidad, lo que más hace es aliviar por sí sola las ganas de consumir. Es el círculo perfecto. El único sentido de fumar cigarrillos es volverse adicto para que se pueda experimentar el placer de mitigar la desagradable sensación de las ansias de consumo, al igual que un hombre que lleva encima una roca todo el día porque se siente bien cuando la descarga.

La adicción deriva del cultivo químico del deseo. El frágil sistema que nos dice qué nos gusta o no nos gusta no se puede comparar con el poderío de la compulsión dopaminérgica. La sensación de querer se vuelve abrumadora y totalmente alejada de si el objeto del deseo es lo que en verdad nos importa, es bueno para nosotros o podría matarnos. La drogadicción no es un signo de un carácter débil o una falta de fuerza de voluntad. Ocurre cuando los circuitos del deseo acaban en un estado patológico debido a la sobreestimulación.

Dale un empujón demasiado fuerte o durante demasiado tiempo a la dopamina y su poder sale como un rugido. Una vez que se ha hecho con el control de una vida, es difícil domarla.

EL PACIENTE DE PÁRKINSON QUE PERDIÓ SU CASA POR EL VIDEOPÓKER

Las drogas de consumo social no son las únicas que estimulan la dopamina. Hay medicamentos de venta con receta que también lo hacen, y, cuando afectan con demasiada fuerza al circuito del deseo, pueden pasar cosas raras. La enfermedad de Parkinson se caracteriza por una carencia de dopamina en una vía responsable de controlar los movimientos musculares. O, en palabras más sencillas, es la forma en que convertimos nuestro mundo interior de ideas en hechos, la manera en que imponemos nuestra voluntad en el mundo. Cuando no hay suficiente dopamina en este circuito, las personas se ponen rígidas y tiemblan, y se mueven con más lentitud. El tratamiento consiste en recetar medicamentos que estimulan la dopamina.

A la mayoría de las personas que toman estos medicamentos les va bien, pero uno de cada seis pacientes aproximadamente presenta problemas de conducta de búsqueda del placer y tiene un riesgo alto. La ludopatía, la hipersexualidad y las compras compulsivas son las conductas más habituales derivadas de una estimulación excesiva de la dopamina. Para examinar este riesgo, investigadores británicos administraron un fármaco llamado levodopa a quince voluntarios sanos. La levodopa se transforma en dopamina dentro del cerebro y puede emplearse para tratar la enfermedad de Parkinson. A otros quince voluntarios les administraron placebo. Nadie sabía quién había recibido el fármaco y quién el placebo.

Después de que se tomaran las pastillas, a los voluntarios se les dio la posibilidad de jugar. Los investigadores hallaron que los participantes que habían tomado la pastilla que estimulaba la dopamina hicieron apuestas más altas y arriesgadas que los que habían tomado el placebo. El efecto fue más pronunciado en hombres que en mujeres. Los investigadores pidieron con regularidad a los participantes que calificaran su nivel de felicidad. No había diferencias entre ambos grupos. El circuito dopaminérgico potenciado estimulaba una conducta impulsiva, pero no satisfacción; estimulaba el querer, pero no el disfrute.

Cuando los científicos usaron potentes campos magnéticos para examinar el interior del cerebro de los voluntarios, vieron otro efecto: cuanto más activas eran las células dopaminérgicas, más dinero esperaban ganar los participantes.

No es raro que las personas se engañen a sí mismas de este modo. Pocas cosas hay en nuestra vida cotidiana más improbables que ganar la lotería. Es más probable que una persona tenga cuatrillizos o muera al caérsele encima una máquina expendedora. Es cien veces más probable que una persona sea alcanzada por un rayo a que gane la lotería. Aun así, millones de personas compran billetes. «Alguien tiene que ganar», dicen. Otro entusiasta de la dopamina más sofisticado expresó su devoción por la lotería de esta manera: «Es esperanza a cambio de un dólar».

Esperar ganar la lotería tal vez sea irracional, pero pueden producirse distorsiones del sentido de la realidad mucho más graves cuando la gente toma a diario medicamentos que estimulan la dopamina.

El 10 de marzo de 2012, los abogados de Ian, un residente de Melbourne, Australia, de sesenta y seis años, presentaron una demanda ante el Tribunal Federal. Puso un pleito a Pfizer, el fabricante del fármaco, porque su medicación para la enfermedad de Parkinson, Cabaser, le había hecho perder todo lo que tenía.[2]

Le diagnosticaron la enfermedad de Parkinson en 2003. Su médico le recetó Cabaser, y en 2004 le duplicaron la dosis. Ahí fue cuando empezaron los problemas. Empezó a jugar mucho en máquinas de videopóker. Estaba jubilado y recibía una pensión modesta de unos 850 dólares mensuales. Cada mes, destinaba todo el importe a las máquinas, pero no bastaba. Para pagar su compulsión, vendió su coche por 829 dólares, empeñó casi todo lo que tenía por 6.135 dólares y les pidió prestados 3.500 dólares a sus familiares y amigos. Des-

2. Con el fin de proteger la privacidad, hemos ocultado o creado la identidad de las personas y sus casos en todo el libro.

pués, pidió préstamos por valor de más de 50.000 dólares a cuatro entidades financieras, y el 7 de julio de 2006 vendió su casa.

En total, este hombre con escasos recursos perdió en el juego más de 100.000 dólares. Al final consiguió parar en 2010, cuando leyó un artículo sobre la relación entre la medicación para la enfermedad de Parkinson y el juego. Dejó de tomar Cabaser y el problema dejó de existir.

¿Por qué algunas personas que toman medicación para la enfermedad de Parkinson caen en una conducta destructiva pero la mayoría no? Es posible que hayan nacido con una vulnerabilidad genética. Las personas que jugaron con frecuencia en el pasado son más proclives que otras a jugar de forma descontrolada después de empezar a tomar su medicación para el párkinson, lo que sugiere que hay algunos rasgos de personalidad que ponen en riesgo a las personas.

Otro riesgo de la medicación para la enfermedad de Parkinson es la hipersexualidad. Una serie de casos en la Clínica Mayo —el seguimiento de pacientes con un determinado tipo de enfermedad o tratamiento— describió el de un hombre de cincuenta y siete años tratado con levodopa que «tenía relaciones sexuales dos veces al día y, cuando era posible, incluso más a menudo. Tanto él como su mujer trabajaban a tiempo completo, y, debido a su apretada agenda, a ella le costaba satisfacerlo». Cuando él se jubiló a los sesenta y dos años, la situación empeoró. Hizo proposiciones sexuales a dos chicas de su extensa familia, así como a dos mujeres del barrio. Al final, su mujer tuvo que dejar el trabajo para atender a sus deseos sexuales.[3]

Asimismo, otro paciente expresó su hipersexualidad pasando varias horas diarias en chats para adultos, si bien incluso gente sana sin ningún tipo de medicación es susceptible a la llamada de la pornografía de la dopamina, sobrealimentada por internet.

Claro está, no hace falta que circule por el cerebro medicación para la enfermedad de Parkinson para poner patas arriba tu vida por una obsesión sexual. Pensemos en la aterradora tríada de dopamina, tecnología y porno.

MÁS, MÁS, MÁS: LA DOPAMINA Y EL PODER DE LA PORNOGRAFÍA

Noah era un hombre de veintiocho años que buscó ayuda porque era incapaz de dejar de ver pornografía. Se crio en un hogar católico, y la primera vez que se expuso a la pornografía fue a los quince años. Estaba buscando en internet algo que no tenía nada que ver con eso cuando se topó con la fotografía de una mujer desnuda. Afirmó que se enganchó desde ese momento.

Al principio, las cosas no iban demasiado mal. Accedía a internet a través de un módem de acceso telefóni-

---

3. Este problema afecta sobre todo a los hombres, pero las mujeres no se libran. En la serie de trece pacientes de la Clínica Mayo, dos eran mujeres, ambas solteras y con abstinencia sexual antes de empezar el tratamiento.

co y «las fotos tardaban una eternidad en cargarse». Estaba de suerte. La tecnología estaba limitando su dosis diaria. Describió las primeras fotos con las que empezó como «aburridas». Con el tiempo, ambas cosas cambiarían. La banda ancha le permitió acceder a las fotos al instante, y pudo añadir vídeos a su rutina diaria. El material aburrido dio paso a representaciones de actos más extremos a medida que su tolerancia a las emociones pornográficas aumentaba.

Consideraba pecaminoso su comportamiento, un fracaso moral, y usaba su relación con la Iglesia para mantener su compulsión bajo control. Iba a confesarse periódicamente y recibió apoyo emocional para ayudarlo a reducir sus hábitos de visualización. Pero cuando en su trabajo lo asignaron a una filial en el extranjero, todo se desmoronó. Sin saber el idioma local, acabó aislado a nivel social, y su compulsión se agudizó como nunca antes. Dijo: «Lo que hace esto tan difícil es la lucha interna, el conflicto dentro de mí. Es una guerra contra ti mismo». Al sentirse totalmente descontrolado, ya no creía que se tratara de un fracaso moral en sentido estricto. «Tengo que luchar contra eso a nivel químico porque en algún momento quiero casarme.»

Gracias a internet, acceder al material gráfico de contenido sexual es más fácil que nunca. Algunas personas sostienen que uno puede volverse adicto a la pornografía, incluso gente sana sin ningún tipo de medicación. En 2015, el *Daily Mail* afirmó que se creía que uno de cada veinticinco jóvenes del Reino Unido eran adictos al sexo.

Un periodista del diario habló con investigadores de la Universidad de Cambridge, que describieron experimentos en los que metían a hombres jóvenes en escáneres cerebrales y luego les ponían vídeos pornográficos para que los vieran. Como era de esperar, el circuito dopaminérgico se activó. Los circuitos volvieron a su estado normal cuando se mostraron vídeos normales.

Los científicos pusieron a otros voluntarios delante de un ordenador y observaron que, de todo el contenido de internet, los hombres jóvenes clicaban de manera compulsiva en las imágenes de mujeres desnudas. También descubrieron que mostrar «imágenes sexuales muy excitantes» distraía a las personas cuando intentaban prestar atención a otra cosa (los científicos aficionados pueden probar este experimento en casa). Al final del estudio, concluyeron que el comportamiento sexual compulsivo estaba alimentado por un fácil acceso a imágenes sexuales en internet.

EL PODER DEL FÁCIL ACCESO

Cuando se habla de adicciones, el fácil acceso es importante. Hay más personas que se vuelven adictas al tabaco y al alcohol que a la heroína, a pesar de que la heroína llega al cerebro de un modo que es más probable que provoque adicción. El tabaco y el alcohol son un gran problema de salud pública debido a que son fáciles de obtener. De hecho, la manera más eficaz de reducir los problemas causados por estas sustancias es dificultar el acceso a ellas.

Todos hemos visto los anuncios de «deja de fumar» en autobuses y metros. No funcionan. Hemos oído hablar de programas escolares que enseñan a los niños a decir no a las drogas y el alcohol. En muchos casos, el consumo de drogas y alcohol aumenta después de estos programas porque despiertan la curiosidad de los estudiantes adolescentes. Lo único que ha demostrado funcionar sistemáticamente es subir los impuestos de estos productos y poner límites a dónde y cuándo se pueden vender. Cuando se toman estas medidas, el consumo disminuye.[4]

A medida que han aumentado las barreras al consumo de tabaco, han bajado las de la pornografía. En el pasado, obtener imágenes sexuales explícitas era como un calvario. La gente tenía que armarse de valor para ir a una tienda, coger una revista y esperar que el cajero no fuera del otro sexo. En la actualidad, las imágenes y los vídeos pornográficos se pueden conseguir en unos segundos y en total privacidad. No hay riesgo de pasar bochorno o vergüenza.

Aún no sabemos si ver pornografía de manera compulsiva es exactamente lo mismo que la drogadicción,

4. No obstante, subir el precio del tabaco y el alcohol es motivo de controversia, sobre todo en lo que respecta al tabaco. Cada vez fuma menos gente. Quienes siguen haciéndolo suelen ser personas pobres y poco instruidas. Como consecuencia, aumentar los impuestos del tabaco les afecta mucho más. Esto es lo contrario de un sistema impositivo que hace recaer una mayor carga en quienes más pueden permitírselo. Los defensores de esta estrategia sostienen que el perjuicio causado a los pobres por el aumento de impuestos se contrarresta al reducir su riesgo de padecer cáncer, enfisema y cardiopatías.

pero tienen cosas en común. Al igual que con la droga-dicción, quienes se ven atrapados en un ciclo de consumo excesivo de pornografía pasan cada vez más tiempo bus-cando esta actividad, a veces muchas horas al día. Dejan otras actividades para poder centrarse en sitios web de adultos. Las relaciones sexuales con sus parejas tienden a ser menos frecuentes y gratificantes. Un joven dejó total-mente de tener citas. Dijo que prefería ver pornografía a salir con una mujer de carne y hueso porque las mujeres de las fotos nunca le pedían nada y jamás decían no.

Al igual que con las drogas, la dependencia tam-bién puede darse con la pornografía y comporta que la «dosis» inicial ya no funciona tan bien. Cuando a los adictos al sexo se les mostraban de nuevo las mismas imágenes sexuales, su interés disminuía. La actividad medida en los circuitos dopaminérgicos también se re-ducía cuando las imágenes se mostraban una y otra vez. Lo mismo ocurría con varones sanos a quienes se les enseñaba repetidamente el mismo vídeo pornográfico. Cuando se les mostraba un vídeo nuevo, sus sistemas dopaminérgicos se aceleraban otra vez. Esta experien-cia de descarga de dopamina, seguida de una disminu-ción (imágenes repetidas), seguida de otra descarga de dopamina (imágenes nuevas), empujaba a los adictos a buscar material reciente, lo que podría explicar por qué navegar por sitios web de sexo puede llegar a ser com-pulsivo. Cuesta resistirse a las demandas de los circuitos dopaminérgicos, sobre todo con algo tan importante a nivel evolutivo como el sexo. Los investigadores que hi-cieron el estudio también identificaron una diferencia entre querer y disfrutar parecida a la que se observa en la drogadicción: «Los adictos al sexo mostraron niveles más altos de deseo cuando veían pornografía, pero no necesariamente calificaron mejor los vídeos explícitos en sus puntuaciones de "disfrute"».

¿SON TAMBIÉN ADICTIVOS LOS VIDEOJUEGOS?

No es solo la pornografía lo que puede atrapar a quienes usan el ordenador. Algunos científicos sostienen que los videojuegos también pueden ser adictivos. De algún modo, los videojuegos son parecidos a los juegos de casino. Al igual que las tragamonedas, los videojuegos sorprenden a los jugadores con recompensas impredecibles. No obstante, hacen más que eso, lo que puede convertirlos incluso en agentes de liberación de dopamina más potentes. Al investigar este problema, el psicólogo Douglas Gentile, de la Universidad Estatal de Iowa, vio que casi uno de cada diez jugadores de ocho a dieciocho años son adictos, lo que causa perjuicios familiares, sociales, escolares o psicológicos debido a su costumbre de jugar a videojuegos, una tasa de adicción más de cinco veces superior a la de los jugadores, según el Consejo Nacional de Investigación de la Ludopatía. ¿A qué se debe esta gran diferencia en la manera en que muchos usuarios se convierten en adictos?

Parte de la diferencia radica en que los jugadores de videojuegos que Gentile estudió eran adolescentes. Es poco frecuente que los adultos tengan consecuencias negativas serias por jugar a videojuegos. El cerebro adolescente, sin embargo, aún no se ha desarrollado por completo, por lo que los jóvenes pueden actuar como adultos con lesiones cerebrales. La mayor diferencia en el cerebro adolescente está en los lóbulos frontales, que no se desarrollan del todo hasta los veintipocos años. Eso es un problema, ya que son los lóbulos frontales los que proporcionan a los adultos un buen sentido de la realidad. Actúan como un freno que nos advierte cuando estamos a punto de hacer algo que tal vez no es una buena idea. Con unos lóbulos frontales que no funcionan plenamente, los adolescentes actúan de forma impulsiva y corren un mayor riesgo de tomar decisiones poco prudentes, incluso cuando son sensatos.

Sin embargo, es más complicado que todo eso. Los videojuegos son más complejos que las tragamonedas, ya que los programadores tienen más oportunidades de integrar características que provoquen la liberación de dopamina con objeto de que cueste más dejar de jugar.

Los videojuegos se basan en la imaginación. Nos sumergen en un mundo donde nuestras fantasías pueden hacerse realidad, donde la dopamina que rechaza la realidad puede disfrutar de infinitas posibilidades. Podemos explorar entornos que cambian constantemente y garantizan sorpresas infinitas. Podemos empezar en el desierto, seguir hasta una selva tropical, después ir a un callejón oscuro en un crudo infierno urbano y luego, de repente, viajar en un cohete yendo a toda velocidad hasta un mundo extraterrestre.

Aun así, los jugadores hacen algo más que explorar. Los videojuegos tienen que ver con el progreso. Tratan de hacer que el futuro sea mejor que el presente.

Los jugadores avanzan a través de niveles al tiempo que aumentan su resistencia y sus habilidades. Es un sueño dopaminérgico hecho realidad. Para mantener el progreso en el primer plano de la mente del jugador, la pantalla muestra constantemente la puntuación acumulada o las barras de progreso en aumento, para que los jugadores no se olviden. Tienen que seguir buscando más.

Los videojuegos están repletos de recompensas. Para pasar al siguiente nivel, los jugadores recogen monedas, van a la caza del tesoro o quizá capturan unicornios mágicos. Las expectativas de los jugadores se mantienen en desequilibrio constante porque nunca saben dónde estará la siguiente recompensa. Algunos juegos requieren que mates a monstruos para conseguir puntos; otros te obligan a mirar dentro de cofres del tesoro.

Cuando un jugador abre un cofre apenas descubierto, puede contener lo que está buscando, aunque no siempre. Si tenías que recoger, por poner un ejemplo, siete joyas y cada uno de los cofres que has abierto contenía una, sería del todo predecible. No habría sorpresas, no habría errores de predicción de recompensa, no habría dopamina. Si, por otro lado, tuvieras que abrir mil cofres para encontrar una sola joya, sería tan frustrante que todo el mundo dejaría de jugar. ¿Cómo decide un desarrollador de juegos el porcentaje de cofres que deben contener una joya? La respuesta está en los datos. Muchos datos.

Los juegos en línea están recopilando información de manera constante sobre los jugadores. ¿Cuánto tiempo juegan? ¿Cuándo dejan de jugar? ¿Qué tipo de experiencias hacen que jueguen más? ¿Cuáles son las que hacen que dejen de jugar? Según el teórico del juego Tom Chatfield, los mayores juegos en línea han acumulado miles de millones de datos sobre sus jugadores. Saben exactamente qué activa la dopamina y qué la desactiva, si bien los diseñadores de juegos no están pensando en estas cosas mientras se descarga la dopamina, sino simplemente en «qué funciona».

Así pues, ¿qué nos dicen los datos acerca de la proporción idónea de cofres del tesoro que deben contener joyas? Parece ser que el número mágico es un 25 %. Eso es lo que hace que la gente siga jugando el mayor tiempo. Y no hay motivos para que el restante 75 % esté vacío. Los desarrolladores de juegos colocan recompensas de poco valor en los cofres que no contienen joyas, de modo que cada uno de ellos contenga una sorpresa. Quizá es una pequeña moneda. Quizá es una mira nueva para el rifle. Quizá son unas gafas de sol que harán que tu personaje digital sea guay. O quizá algo tan poderoso que abre vías totalmente nuevas para interactuar con el juego. Chatfield nos dice que una recompensa de este tipo debe hallarse solo en uno de cada mil cofres del tesoro. (Por cierto, es probable que el juego no te deje avanzar al siguiente nivel con esas únicas siete joyas. Los miles de millones de datos nos cuentan que quince es el número ideal para hacer que la gente juegue todo lo posible.)

Vale la pena mencionar que en los videojuegos también hay placeres del aquí y ahora que contribuyen a su atractivo. Muchos juegos te permiten jugar con amigos. El placer que obtenemos cuando socializamos simplemente por disfrutar de la compañía de los demás es una experiencia del aquí y ahora. Por otro lado, reunirnos para conseguir un objetivo común es dopaminérgico porque estamos trabajando para tener un futuro mejor (aunque se trate tan solo de capturar la base enemiga). Los videojuegos ofrecen ambos tipos de placer social.

Muchos videojuegos son asimismo bonitos, otra manera de estimular el placer del aquí y ahora. Algunos de ellos son, de hecho, asombrosos porque no se ha reparado en gastos a la hora de invertir en personas con talento para que los creen. *Los Angeles Times* publicó que para desarrollar el juego en línea *Star Wars: The Old Republic* se necesitaron más de ochocientas personas en cuatro continentes, con un coste de más de doscientos millones de dólares. El mundo del juego es grande. Recorrer todas las tramas supondría mil seiscientas horas de juego. Gastar esa cantidad de dinero en crear un juego supone un riesgo, pero existe la posibilidad de un beneficio mayor. *Grand Theft Auto*, una de las series de videojuegos de más éxito, tuvo unas ventas por valor de mil millones de dólares en tan solo tres días cuando presentó la quinta generación. Los estadounidenses gastan más de veinte mil millones de dólares al año en videojuegos; en 2016, gastaron solo la mitad de esa cifra en entradas de cine, la mejor recaudación de taquilla en la historia de Estados Unidos.

LA DOPAMINA FRENTE A LA DOPAMINA

Es normal confundir querer con disfrutar. Parece evidente que queramos las cosas que nos gustaría tener. Así funcionaría si fuéramos seres racionales, y, a pesar de todos los datos que demuestran lo contrario, seguimos pensando que lo somos. Pero no es así. Con frecuencia queremos cosas que no nos gustan. Nuestros deseos pueden llevarnos hacia cosas que pueden destruirnos la vida, como las drogas, el juego u otras conductas fuera de control.

El circuito del deseo de la dopamina es potente. Centra la atención, motiva y estimula. Influye enormemente en las decisiones que tomamos. Sin embargo, no es todopoderoso. Los drogadictos consiguen estar limpios. Quienes están a dieta pierden peso. A veces apagamos la televisión, nos levantamos del sofá y salimos a correr. ¿Qué clase de circuito en el cerebro es lo bastante potente como para enfrentarse a la dopamina? El de la dopamina. La dopamina se enfrenta a la dopamina. El circuito que se opone al circuito del deseo podría llamarse el circuito del control de la dopamina.

Tal vez recuerdes que, en muchas situaciones, la dopamina centrada en el futuro se opone a la actividad de los circuitos del aquí y ahora y viceversa. Si estás pensando adónde ir a cenar, seguramente no percibes el sabor, el aroma y la textura del sándwich que te estás comiendo para almorzar. Pero también hay oposición con el propio sistema dopaminérgico orientado al futuro.

¿Por qué desarrollaría el cerebro circuitos que actúan uno contra el otro? ¿No tendría más sentido que aunaran fuerzas, por así decirlo? De hecho, no. Los sistemas que contienen fuerzas opuestas son más fáciles de controlar. Por eso los coches tienen un acelerador y un freno, y por eso el cerebro utiliza circuitos que se contrarrestan.

No sorprende que el circuito del control de la dopamina afecte a los lóbulos frontales, la parte del cerebro que se denomina a veces neocórtex porque evolucionó más recientemente. Es lo que hace que los seres humanos sean extraordinarios. Nos proporciona la imaginación para proyectarnos más hacia el futuro de lo que puede llevarnos el circuito del deseo, de modo que podemos hacer planes a la larga. Es asimismo la parte que nos permite aprovechar al máximo los recursos en ese futuro al crear nuevos instrumentos y usar conceptos abstractos, conceptos que superan la experiencia del aquí y ahora de los sentidos, como el lenguaje, las matemáticas y la ciencia. Es sumamente racional. No siente, porque la emoción es un fenómeno del aquí y ahora. Como veremos en el próximo capítulo, es frío, calculador y despiadado, y hace lo que sea con tal de conseguir su objetivo.

Lecturas complementarias

CHATFIELD, T. (noviembre de 2010), transcripción de: «7 ways games reward the brain». Obtenido en: <https://www.ted.com/talks/tom_chatfield_7_ways_games_reward_the_brain/transcript?language=en>.

DIXON, M., GHEZZI, P., LYONS, C. y WILSON, G. (eds.), *Gambling: Behavior theory, research, and application*, Reno, NV, Context Press, 2006.

EWALT, DAVID M. (19 de diciembre de 2013), «Americans will spend $20.5 billion on video games in 2013», *Forbes*. Obtenido en: <https://www.forbes.com/sites/davidewalt/2013/12/19/americans-will-spend-20-5-billion-on-video-games-in-2013/#2b5fa4522c1e>.

FLEMING, A. (mayo-junio de 2015), «The science of craving», *The Economist 1843*. Obtenido en: <https://www.1843magazine.com/content/features/wanting-versus-liking>.

FRITZ, B. y PHAM, A. (20 de enero de 2012), «Star Wars: The Old Republic—the story behind a galactic gamble». Obtenido en: <http://herocomplex.latimes.com/games/star-wars-the-old-republic-the-story-behind-a-galactic-gamble/>.

GENTILE, D. (2009), «Pathological video-game use among youth ages 8 to 18: A national study», *Psychological Science*, 20(5), 594-602.

Ian W. v. Pfizer Australia Pty Ltd, Registro de Victoria, Tribunal Federal de Australia, 10 de marzo de 2012.

KLOS, K. J., BOWER, J. H., JOSEPHS, K. A., MATSUMOTO, J. Y. y AHLSKOG, J. E. (2005), «Pathological hypersexuality predominantly linked to adjuvant dopamine agonist therapy in Parkinson's disease and multiple system atrophy», *Parkinsonism and Related Disorders*, 11(6), 381-386.

MOORE, T. J., GLENMULLEN, J. y MATTISON, D. R. (2014), «Reports of pathological gambling, hypersexuality, and compulsive shopping associated with dopamine receptor agonist drugs», *JAMA Internal Medicine*, 174(12), 1930-1933.

National Research Council, *Pathological gambling: A critical review*, Washington D. D., National Academies Press, 1999.

NAYAK, M. (20 de septiembre de 2013), «Grand Theft Auto V sales zoom past $1 billion mark in 3 days», Reuters. Obtenido en: <http://www.reuters.com/article/entertainment-us-taketwo-gta-idUSBRE98J0O820130920>.

PFAUS, J. G., KIPPIN, T. E. y CORIA-AVILA, G. (2003), «What can animal models tell us about human sexual response?», *Annual Review of Sex Research*, 14(1), 1-63.

PICKLES, K. (23 de noviembre de 2015), «How online porn is fueling sex addiction: Easy access to sexual images blamed for the rise of people with compulsive sexual behaviour, study claims», *Daily Mail*. Obtenido en: <http://www.dailymail.co.uk/health/article-3330171/How-online-porn-fuelling-sex-addiction-Easy-access-sexual-images-blamed-rise-people-compulsive-sexual-behaviour-study-claims.html>.

PRZYBYLSKI, A. K., WEINSTEIN, N. y MURAYAMA, K. (2016), «Internet gaming disorder: Investigating the clinical relevance of a new phenomenon», *American Journal of Psychiatry*, 174(3), 230-236.

RUTLEDGE, R. B., SKANDALI, N., DAYAN, P. y DOLAN, R. J. (2015), «Dopaminergic modulation of decision making and subjective well-being», *Journal of Neuroscience*, 35(27), 9811-9822.

«Study with "never-smokers" sheds light on the earliest stages of nicotine dependence» (9 de septiembre de 2015), *Johns Hopkins Medicine*. Obtenido en: <https://www.hopkinsmedicine.org/news/media/releases/study_with_never_smokers_sheds_light_on_the_earliest_stages_of_nicotine_dependence>.

VOON, V., MOLE, T. B., BANCA, P., PORTER, L., MORRIS, L., MITCHELL, S., IRVINE, M. *et al.* (2014), «Neural correlates of sexual cue reactivity in individuals with and without compulsive sexual behaviors», *PloS One*, 9(7), e102419.

WEINTRAUB, D., SIDEROWF, A. D., POTENZA, M. N., GOVEAS, J., MORALES, K. H., DUDA, J. E., STERN, M. B. *et al.* (2006), «Association of dopamine agonist use with impulse control disorders in Parkinson disease», *Archives of Neurology*, 63(7), 969-973.

El impulso sin la razón no basta, y la razón sin el impulso es una mala solución provisional.

WILLIAM JAMES

Una reflexión meditada vale más que mil consejos apresurados.

WOODROW WILSON

3

DOMINIO

¿Hasta dónde vas a llegar?

En donde la dopamina nos impulsa a superar la complejidad, la adversidad, la emoción y el dolor para que podamos controlar nuestro entorno.

PLANIFICACIÓN Y CÁLCULO

Tan solo con querer rara vez consigues casi nada. Tienes que encontrar la manera de obtenerlo y si merece en realidad la pena tenerlo. De hecho, cuando hacemos cosas sin pensar en cómo las hacemos y en qué pasará después, el fracaso no es ni siquiera el peor resultado posible. Las consecuencias pueden ir desde comer un poco de más hasta el juego temerario, la drogadicción y peor aún.

La dopamina del deseo hace que queramos cosas. Es la fuente del deseo puro: dame más. Pero no estamos a merced de nuestro deseo. Tenemos también un circuito dopaminérgico complementario que calcula qué tipo de «más» merece la pena tener. Nos proporciona la facultad de diseñar planes para elaborar estrategias y dominar el mundo que nos rodea con el fin de conseguir lo que queremos. ¿Cómo hace ambas cosas una sola sustancia química? Pensemos en el combustible de un cohete que impulsa los motores principales de una nave espacial. El mismo combustible que empuja el cohete hacia delante puede ser redirigido para impulsar los propulsores direccionales para gobernar la nave, así como los retrocohetes para disminuir su velocidad. Todo depende de la vía que el combustible sigue antes de su ignición; se trata de funciones distintas, pero operan en conjunto para llevar la nave espacial a su destino. De forma parecida, la dopamina que se mueve por distintos circuitos cerebrales da lugar a funciones distintas y a la vez dirigidas a un fin común: un interés implacable en mejorar el futuro.

Los impulsos proceden del paso de la dopamina por el circuito mesolímbico, que llamamos circuito del deseo de la dopamina. El cálculo y la planificación —los medios para dominar situaciones— proceden del circuito mesocortical, que denominaremos circuito del control de la dopamina (figura 3). ¿Por qué llamarlo circuito del control? Porque su finalidad es gestionar los impulsos descontrolados de la dopamina del deseo, coger esa energía pura y guiarla hacia fines provechosos.

Asimismo, al usar conceptos abstractos y estrategias con miras al futuro, nos permite hacernos con el control del mundo que nos rodea y dominar nuestro medio.[1]

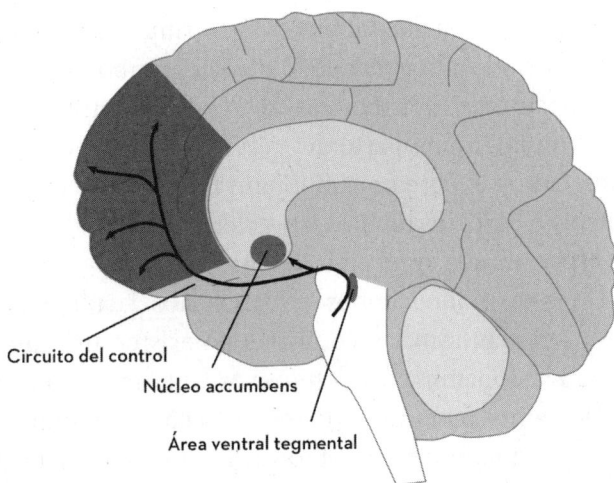

Circuito del control

Núcleo accumbens

Área ventral tegmental

Figura 3

Además, el circuito del control de la dopamina es la fuente de la imaginación. Nos consiente curiosear en el

1. Usaremos el término *medio* en un modo distinto del habitual. Cuando la mayoría de las personas piensan en el medio, piensan en la naturaleza, a menudo como algo que debemos proteger, como ocurre con el ecologismo. Los neurocientíficos usan el término para referirse a todo aquello del mundo exterior que influye en nuestra conducta y salud, a diferencia de las influencias procedentes de nuestros genes. Así pues, el medio incluye no solo las montañas, los árboles y la hierba, sino también cosas como la gente, las relaciones, los alimentos y el cobijo.

futuro para ver las consecuencias de las decisiones que podríamos tomar ahora mismo, y nos permite así elegir el futuro que preferimos. Por último, nos da la capacidad de planificar cómo hacer realidad ese futuro imaginario. Al igual que el circuito del deseo, que solo se preocupa de lo que no tenemos, la dopamina del control opera en el mundo irreal de lo posible. Ambos circuitos comienzan en el mismo sitio, pero el circuito del deseo termina en una parte del cerebro que desencadena la emoción y el entusiasmo, mientras que el circuito del control va hasta los lóbulos frontales, una parte del cerebro especializada en el pensamiento lógico.

De este modo, ambos circuitos nos facultan para pensar en «fantasmas», cosas que no existen físicamente. Para la dopamina del deseo, esos fantasmas son cosas que deseamos tener pero no tenemos en este momento, cosas que queremos en el futuro. Para la dopamina del control, los fantasmas son los elementos de la imaginación y el pensamiento creativo: ideas, planes, teorías, conceptos abstractos como las matemáticas y la belleza, y mundos que aún no lo son.

La dopamina del control nos lleva más allá del «yo quiero» primigenio de la dopamina del deseo. Nos ofrece los instrumentos para comprender, analizar y dar forma al mundo que nos rodea, para que podamos extrapolar posibilidades, compararlas y contrastarlas, y luego crear maneras de conseguir nuestros objetivos. Es una versión ampliada y compleja del imperativo evolutivo: obtener los máximos recursos posibles. En cambio, la dopamina del deseo es el niño en el asiento de atrás que grita a sus padres «¡Mira! ¡Mira!» cada vez que ve un

McDonald's, una juguetería o un cachorro en la acera. La dopamina del control es el padre al volante que escucha cada petición y considera si merece la pena pararse y, en ese caso, decide qué hacer. La dopamina del control toma la emoción y la motivación proporcionadas por la dopamina del deseo, evalúa las alternativas, selecciona los instrumentos y traza una estrategia para lograr lo que quiere.

Por ejemplo, un joven está pensando en comprar su primer coche. Si lo único que tuviera fuese dopamina del deseo, compraría el primero que le llamara la atención. Pero, como también tiene dopamina del control, puede refinar ese impulso. Hay un sinfín de razones para preferir un determinado coche; digamos que este joven es ahorrador y quiere el mejor coche que pueda permitirse al menor precio. Aprovechando la energía de la dopamina del deseo, pasa horas en internet leyendo detenidamente webs de reseñas de coches y desarrollando estrategias de negociación. Quiere conocer todos los detalles posibles con el fin de maximizar el valor de su compra. Cuando se sienta con el vendedor de coches, está tan bien preparado que nada lo pillará por sorpresa. Se siente bien: ha dominado la situación de la compra del coche gracias a controlar toda la información disponible.

Pensemos en una mujer que va camino del trabajo. Conduce hasta la estación de tren dando un rodeo para evitar la hora punta del tráfico matutino. Cuando llega a la estación, se dirige hacia una esquina del aparcamiento con plazas libres que muy pocos conocen y encuentra fácilmente un sitio donde aparcar. Espera en el andén en el lugar exacto donde sabe que se abrirán las puertas del tren de cercanías y se pone la primera de la fila, dispuesta a conseguir uno de los asientos libres que quedan para el largo trayecto hasta la ciudad. Se siente bien: ha dominado su desplazamiento al trabajo.

Es divertido resolver cosas, y también lo es aplicar las estrategias desarrolladas para «jugar» a comprar un coche o desplazarse diariamente al trabajo. ¿Por qué? Como siempre, la función de la dopamina deriva de los imperativos de la evolución y la supervivencia. La dopamina nos estimula a aprovechar al máximo nuestros recursos, recompensándonos cuando lo hacemos: el hecho de hacer algo bien, de hacer de nuestro futuro un lugar mejor y más seguro, nos da un pequeño «chute» de dopamina.

TENACIDAD

No he fracasado. He encontrado diez mil formas que no funcionan.
THOMAS A. EDISON

Un joven que acababa de graduarse en la universidad acudió a un especialista en salud mental porque se veía incapaz de desenvolverse en su nuevo mundo. No había destacado en los estudios, pero se las había arreglado y había conseguido graduarse en el plazo normal de cuatro años. Creía que la estructura de la facultad y la presión intrínseca de hacer las cosas a tiempo lo habían ayudado a mantenerlo en el buen camino. Ahora estaba perdido.

No tenía trabajo y no sabía qué quería hacer. Lo único que le interesaba era fumar marihuana. Trabajó como camarero durante un tiempo, pero lo despidieron por llegar tarde o ni siquiera aparecer. Su padre le consiguió un empleo como administrativo, pero también lo perdió porque todos en la oficina veían claramente que no tenía ningún interés en el trabajo que le habían dado. Era descuidado y se aburría, y al final la gente lo evitaba.

Ocurría lo mismo con las relaciones. Cuando estaba en la universidad, tuvo una relación larga con una joven, pero ella rompió con él después de la graduación. Su terapeuta pensaba que era algo bueno porque ella se aprovechaba de él haciendo que le comprara regalos y pidiéndole que hiciera todo tipo de tareas mientras no mostraba ningún tipo de afecto hacia él. El joven sabía que ella no lo quería, pero seguía volviendo con ella de todos modos con la esperanza de retomar la relación. Ella se negó, pero siguió aprovechándose de él de todas las maneras posibles; por ejemplo, le pedía que condujera cuatro horas para llevarle una lámpara de mesa que quería para su apartamento.

La terapia fue un fracaso. Hacer terapia supone un esfuerzo, y este joven no lo hacía. Probó cuatro terapeutas distintos que usaban técnicas diversas, pero nada cambió. Tres años después seguía sin saber qué hacer con su vida, seguía fumando marihuana y seguía intentando volver con su antigua novia.

El mundo no siempre funciona de la manera que esperamos. Aprendemos desde temprana edad que la cinta adhesiva va muy bien para arreglar papel rasgado, pero no va tan bien con los juguetes y los platos rotos. El emprendedor que desarrolla la próxima tecnología rompedora en su garaje a menudo se sorprende al ver que el mundo no se abre camino hasta su puerta. El éxito precisa años de esfuerzo y tantas revisiones de la idea original que apenas es reconocible en el momento en que llega al mercado. No basta con imaginar el futuro. Para que una idea se materialice, debemos luchar contra las realidades intransigentes del mundo físico. No solo necesitamos conocimiento, sino también tenacidad. La dopamina, la sustancia química del éxito futuro, está ahí para segregarse.

EL CASO DE LAS RATAS DECIDIDAS

Una manera de estudiar la tenacidad en un laboratorio es medir el esfuerzo de una rata para conseguir comida. Por lo general, se cuenta el número de veces que apretará una palanca que envía comida a través de una tolva hasta su jaula. Al aumentar el número de veces que las ratas deben pulsar la palanca para obtener comida, los científicos pueden averiguar si las ratas tienen, por tanto, la determinación para esforzarse más.

Unos investigadores de la Universidad de Connecticut querían ver si podían manipular la tenacidad de una rata modificando la actividad de la dopamina en su cerebro. Llenaron una jaula con ratas, que seguían una dieta baja en calorías, hasta que los animales perdieron el 15 % de su peso; en comparación, es como si un adulto normal perdiera unos once kilos. Cuando las ratas estuvieron hambrientas, los científicos les dieron la oportunidad de esforzarse para obtener recompensas en forma de comprimidos Bioserve, unas golosinas deliciosas (al menos para las ratas) de diversos sabores, como nubes de chocolate, piña colada y beicon.

Empezaron por dividir a las ratas en dos grupos. Designaron al primero como grupo de referencia y no hicieron nada con ellas, aparte de mantenerles la dieta. En cuanto al segundo grupo, los científicos inyectaron una neurotoxina en el cerebro que destruía algunas células dopaminérgicas. Luego comenzaron el experimento.

El primer experimento fue fácil. Para recibir una golosina Bioserve, cada rata tenía que pulsar la palanca solo una vez. Dado que básicamente no hacía falta ningún esfuerzo —no se precisaba tenacidad—, este experimento estableció una condición necesaria: demostró que a las ratas con carencia de dopamina les gustaban tanto las golosinas como a las ratas normales. Esto era importante porque, si las ratas con carencia de dopamina ya no hubieran querido las golosinas Bioserve, los científicos no habrían podido comprobar el esfuerzo que habrían hecho para obtenerlas.

Cuando no se requería ningún esfuerzo, las ratas privadas de dopamina pulsaban la palanca tantas veces como las ratas normales y devoraban las golosinas que se habían ganado. Este resultado no sorprendió, ya que no se esperaba que el gusto y el disfrute se modificaran como resultado de una variación de dopamina. Las cosas cambiaron, sin embargo, cuando las ratas tuvieron que esforzarse más:

Cuando el número necesario de pulsaciones de la palanca se aumentó de uno a cuatro, las ratas normales apretaron la palanca casi mil veces durante treinta minutos. Las ratas con una reducción de dopamina no estaban tan motivadas; pulsaron la palanca unas seiscientas veces solamente.

Cuando los requisitos se aumentaron hasta dieciséis pulsaciones, las ratas normales la apretaron casi dos mil veces, mientras que las ratas con una reducción de dopamina apenas incrementaron las pulsaciones. Solo obtenían una cuarta parte de las golosinas, pero no se esforzaban más.

Por último, el requisito se incrementó hasta sesenta y cuatro pulsaciones para un solo comprimido de Bioserve. Las ratas normales hicieron unas doscientas cincuenta pulsaciones, más de una pulsación por segundo durante los treinta minutos. Las ratas con una reducción de dopamina no se esforzaron más. De hecho, pulsaban menos que antes. Se limitaron a desistir.

Eliminar la dopamina parecía reducir las ganas de esforzarse de una rata. Pero se hizo un experimento más para confirmar que lo que se veía afectado por la destrucción de la dopamina era la tenacidad, no el gusto.

El helado siempre está bueno, pero si te acabas de dar una comilona, seguramente no te apetecerá tomar tanto como habrías hecho de no haber comido. La cantidad de helado que quieres no tiene nada que ver con si te esfuerzas mucho o eres perezoso. Lo único que pasa es que esa comida no es tan importante para ti cuando no tienes hambre. Así pues, los científicos añadieron una nueva dimensión al experimento: manipularon el hambre.

Los investigadores introdujeron un nuevo grupo de ratas, les dieron bien de comer y luego las sometieron al experimento. En todos los niveles de esfuerzo —incluso una sola pulsación—, las ratas alimentadas previamente pulsaron la palanca la mitad de las veces de lo que lo hicieron las ratas hambrientas. Cuando el requisito se duplicó, duplicaron sus esfuerzos. Cuando el requisito se cuadruplicó, cuadruplicaron sus esfuerzos. Pero siempre se detenían más o menos a la mitad de las pulsaciones que habían realizado las ratas hambrientas. No bajaron el ritmo. No desistieron. Simplemente, no querían comer tantas golosinas porque no tenían hambre.

Los resultados revelan una distinción sutil pero vital. La sensación de hambre (o la ausencia de hambre) cambió el modo en que las ratas valoraban la comida, pero no redujo sus ganas de esforzarse. El hambre es un fenómeno del aquí y ahora, una experiencia inmediata y no una anticipativa impulsada por la dopamina. Al manipular el hambre, u otra experiencia sensorial, el valor de la recompensa obtenida por medio del esfuerzo se ve afectado. Pero es la dopamina la que hace posible el esfuerzo: si no hay dopamina, no hay esfuerzo.

Esto nos lleva a entender cómo la dopamina afecta a las decisiones que tomamos respecto a esforzarnos mucho o tomar la vía fácil. A veces queremos una comida muy elaborada y estamos dispuestos a esforzarnos para prepararla. Otras veces lo único que queremos es «relajarnos»; abriremos una bolsa de Cheetos delante

de la televisión en lugar de preparar una comida sencilla que podría llevarnos tan solo unos minutos. Como
consecuencia, el siguiente paso en los experimentos fue
introducir el elemento de la elección.

Los científicos pusieron una jaula con una máquina Bioserve y un cuenco de comida de laboratorio. La
comida de laboratorio era desabrida pero de libre acceso, no se necesitaba ningún esfuerzo. Para conseguir los
comprimidos Bioserve, mucho más sabrosos, una rata
tenía que pulsar cuatro veces la palanca; un esfuerzo mínimo, pero esfuerzo al fin y al cabo. Las ratas con una
dopamina normal fueron directas a las golosinas Bioserve. Estaban dispuestas a esforzarse un poco más con tal
de conseguir algo mejor. Las ratas con una dopamina
reducida, en cambio, se fueron hacia la comida de laboratorio de fácil acceso.

La capacidad para esforzarse es dopaminérgica. La
calidad de ese esfuerzo puede estar influenciada por diversos factores, pero sin la dopamina el esfuerzo no existe.

AUTOEFICACIA: LA DOPAMINA
Y EL PODER DE LA CONFIANZA

Una golosina Bioserve con sabor a beicon puede ser lo
único que se necesita para motivar a una rata, pero los
seres humanos somos más complicados. Necesitamos
creer que podemos conseguir algo antes de que seamos
capaces de lograrlo. Esto influye en la tenacidad. Somos más tenaces cuando conseguimos triunfar pronto.
Algunos programas para perder peso te ayudan a per-

der de dos a tres kilos durante las primeras semanas. Lo planean así porque saben que, si empiezas perdiendo no más de medio o un kilo durante ese tiempo, es muy probable que lo dejes. Saben que es más probable que lo sigas si ves que eres capaz de hacerlo. Los científicos lo denominan autoeficacia.

Las drogas como la cocaína y la anfetamina estimulan la dopamina, y uno de los resultados consiste en aumentar la autoeficacia, a menudo hasta niveles patológicos. Quienes consumen estas drogas pueden asumir con confianza tantos proyectos que es imposible acabarlos todos. Los grandes consumidores pueden incluso desarrollar delirios de grandeza. Sin ninguna prueba en absoluto, pueden llegar a creer que escribirán el tratado más magnífico jamás creado, o inventarán un aparato que resolverá los problemas del mundo.

En circunstancias normales, una autoeficacia sólida es un recurso valioso. En ocasiones puede actuar como una profecía autorrealizada. Tener confianza en las expectativas de éxito puede hacer que los obstáculos se desvanezcan ante tus ojos.

EL DOMINIO EN UNA PASTILLA: LOS EFECTOS SECUNDARIOS INCLUYEN EL OPTIMISMO, LA PÉRDIDA DE PESO Y LA MUERTE

A principios de la década de 1960, los médicos recetaban grandes cantidades de anfetaminas que potenciaban la dopamina con el fin de fomentar «la alegría, la agilidad mental y el optimismo», tal y como describe un anuncio de la época. La mayoría de ellas se recetaban a mujeres, que tenían el doble de probabilidades que los hombres de que les prescribieran anfetaminas para «arreglar su estado mental». Como lo describió un médico, la anfetamina les permitía «no solo ser capaces de cumplir con sus quehaceres, sino disfrutar de ellos realmente». Dicho de otro modo, si no te gusta cocinar o limpiar, te ayuda a funcionar a pleno rendimiento.

Pero eso no es todo. Además de hacer que las amas de casa fueran felices y productivas, también las ayudaba a estar delgadas. Según la revista *Life*, en los sesenta se recetaron cada año dos mil millones de comprimidos para ese solo fin. Sin embargo, aunque la gente perdía peso, era algo temporal y a menudo tenía un coste. Dejabas de tomar la droga y el peso volvía enseguida. Seguías tomándola y aparecía la tolerancia, por lo que debías consumir dosis cada vez más altas para obtener el mismo efecto. Eso es peligroso. Demasiada anfetamina puede producir cambios en la personalidad. También puede causar psicosis, infartos de miocardio, accidentes cerebrovasculares y muerte.

Una de las consumidoras de anfetaminas escribió:

Me siento encantadora, ocurrente y lista, y hablo con todo el mundo. Siento la necesidad de hacer comentarios sutiles y condescendientes a los clientes más lerdos [en el trabajo] con el pretexto de ser franca y servicial. Mi familia me ha dicho que me he vuelto mucho más arrogante, sarcástica y altiva, y mi hermano me dice que últimamente he estado pensando que soy «la mejor del mundo», pero tal vez tenga celos de mí.

Otro consumidor se limitó a decir: «Solía sentirme como un joven dios cuando tomaba anfetaminas». La diferencia es que los jóvenes dioses no padecen los efectos secundarios que matan.

Una estudiante universitaria tenía que ir al aeropuerto para volver a casa durante las vacaciones de Semana Santa. Al igual que sucede con la mayoría de los estudiantes universitarios, andaba justa de dinero, así que reservó un asiento en una lanzadera que la llevaría al aeropuerto por solo quince dólares. La lanzadera tenía un horario de paradas regular, y quedó en que la recogerían en un hotel cercano a las doce y media del mediodía.

No empezó a ponerse nerviosa hasta la una. Cuando ya era la una y media y el vehículo seguía sin llegar, supo que pasaba algo. A las dos de la tarde empezó a sudar. Había llamado repetidas veces al servicio, y en todas las ocasiones le habían asegurado que «el conductor estaba de camino». Había declinado la amable oferta del portero de llamar a un taxi, pero ya casi no tenía tiempo.

Treinta minutos y cuarenta dólares después, salió del taxi en el aeropuerto y se fue directa al mostrador de reservas de la lanzadera. Pidió que le devolvieran la diferencia entre la lanzadera y el taxi. Estaba claro que era culpa de ellos. Le habían prometido que la recogerían a las doce y media y no habían cumplido su promesa. No era justo que ella tuviera que pagar la diferencia. Era una cuestión de justicia. El empleado del mostrador de reservas no estaba autorizado a devolver el dinero, pero la mujer estaba tan convencida de tener razón que le parecía inconcebible no imponerse. El empleado no tardó demasiado en abrir la caja registradora y darle veinticinco dólares.

¿Cómo funciona esto? ¿Cómo se consigue que confiar en lograr una cosa haga que los demás claudiquen, incluso cuando parece que no les interesa hacerlo? Por lo general, se debe a que las cosas están ocurriendo fuera de su percepción consciente.

Investigadores de la Escuela de Negocios de la Universidad de Stanford querían saber cómo la conducta sutil y no verbal afectaba a las percepciones mutuas de las personas. Observaron que, cuando las personas ocupaban un gran espacio, eran percibidas como dominantes. En cambio, cuando se encogían y ocupaban el menor espacio posible, eran percibidas como sumisas.

Llevaron a cabo un estudio para analizar los efectos de las muestras no verbales de dominio o sumisión. Los investigadores pusieron a dos personas del mismo sexo en una habitación y les pidieron que hablaran sobre fotos de cuadros famosos. Lo hicieron para ocultar la verdadera naturaleza del estudio. Solo una de las personas era realmente una voluntaria de las pruebas. La otra era una cómplice que trabajaba en secreto para los investigadores. La cómplice adoptaba en ocasiones una postura dominante (un brazo colocado en el respaldo de una silla vacía cerca de ella, las piernas cruzadas con el tobillo derecho sobre el muslo izquierdo) y en otras una postura sumisa (las piernas juntas, las manos en el regazo, inclinada ligeramente hacia delante). La cuestión era: ¿copiaría la voluntaria la postura de la cómplice o adoptaría una postura complementaria y opuesta?

Casi siempre reproducimos los actos de las personas con las que hablamos. Si alguien se toca la cara o gesticula con las manos, la otra hace lo mismo. Pero esta vez era distinto. Cuando se trata de posturas dominantes o sumisas, los voluntarios de la investigación eran más propensos a adoptar una postura complementaria que a reflejar la misma postura. El dominio provocaba la sumisión, y la sumisión provocaba el dominio.

No obstante, no ocurría siempre. Una minoría de las voluntarias imitaban a la cómplice. ¿Afectaría esto a la relación subyacente? Los investigadores les dieron a las voluntarias una encuesta para que la rellenaran. Querían saber cómo vivieron la interacción con la cómplice. ¿Les caía bien? ¿Se sintieron cómodas con ella? Daba igual si la cómplice adoptaba una postura dominante o sumisa. A las voluntarias que adoptaron la postura complementaria no solo les caían mejor las cómplices, sino que también se sentían más cómodas con ellas en comparación con las voluntarias que las habían imitado.

Por último, los investigadores les hicieron una serie de preguntas a los voluntarios para averiguar si eran conscientes de cómo estaban respondiendo a la cómplice. ¿Sabían que su postura se estaba viendo influida por la de la otra persona en la habitación? Resultó que no tenían ni idea. Todo sucedió sin que se dieran cuenta.

Sabemos de manera inconsciente cuándo alguien tiene unas altas expectativas de éxito y nos apartamos de su camino. Nos sometemos a su voluntad, la abrumadora expresión de su autoeficacia, impulsada por la dopamina del control. Nuestro cerebro evolucionó de esta manera por un buen motivo: es mala idea meterse en peleas que no puedes ganar. Si estás detectando señales de que tu adversario tiene unas altas expectativas de éxito, lo más probable es que quieras evitar la lucha. Este tipo de conducta se ve claramente en los primates. Los chimpancés que observan una muestra de dominio se encogen a sí mismos para parecer lo más pequeños posible. Por otro lado, cuando los chimpancés responden a muestras de dominio con el mismo tipo de conducta, suele suponer el principio de un largo periodo de conflicto que a menudo acaba en violencia.

🐝 UN DOMINGO CUALQUIERA 🦋

La historia del deporte está llena de casos de supuestos perdedores que al final obtienen el éxito: el fenómeno de superar un origen difícil, valerosos suplentes que ganan el campeonato, aspirantes que llegan a ser profesionales; en definitiva, de vencer de forma inesperada a otro jugador, a otro equipo o a la propia vida. Las películas de deportes tratan casi en exclusiva de este tema.

Recuerda *Titanes, hicieron historia; Rudy, reto a la gloria; Los picarones; Ellas dan el golpe; Rocky; Hoop Dreams; Karate Kid.* Pero la cuestión sigue ahí: ¿cómo consigue un jugador o un equipo evidentemente inferior en destreza y habilidad imponerse a un contrincante mejor? Muy a menudo se atribuye solo a la suerte, pero la respuesta está en la autoeficacia. Uno de los ejemplos más impresionantes de autoeficacia en el deporte tuvo lugar el 3 de enero de 1993 en una eliminatoria de la Liga Nacional de Fútbol Americano que los aficionados llaman simplemente «The Comeback».

En el tercer tiempo, los Bills de Buffalo perdían 35-3 contra los Oilers de Houston. Los aficionados de los Bills se estaban dirigiendo hacia las salidas mientras un locutor de radio de Houston comentaba que, a pesar de que las luces del estadio llevaban encendidas desde la mañana, «podrían apagarse ahora mismo para los Bills».

Pero a medida que se terminaba el tiempo, las cosas empezaron a cambiar. La suerte influyó en parte —un mal tiro, una decisión discutible que benefició a los Bills—, pero ni siquiera eso explica el estallido de triunfo que vivió el equipo. Cuando comenzó la remontada, los Bills anotaron veintiún puntos en diez minutos. Un jugador recordó más tarde: «Marcábamos a nuestro antojo». Mientras los Oilers se veían incapaces de detenerlos, un jugador de los Bills que estaba en el banquillo empezó a gritar: «¡No lo quieren! ¡No lo quieren!». La voluntad de los de Buffalo —creer que estaban des-

tinados a imponerse, su autoeficacia— era más fuerte ese día que la destreza y la habilidad de sus adversarios. Los Bills forzaron la prórroga y ganaron
con un tiro desde veintinueve metros de distancia
por 41-38. Esta victoria sería la mayor remontada
con diferencia de puntos en la historia de la Liga
Nacional de Fútbol Americano.

Importante: el *quarterback* Jim Kelly, estrella
de los Bills, se había lesionado la semana anterior
y fue sustituido en el partido con los Oilers por su
suplente, Frank Reich. En aquel momento, Reich os-
tentaba el récord de la mayor remontada en la historia del fútbol americano universitario. Una década
antes, había llevado a los Terrapins de Maryland,
que perdían por 31-0 en el primer tiempo, a ganar
por 42-40 a los invictos Hurricanes de Miami. Cuatro años después de la victoria de los Bills sobre los
Oilers, el equipo, dirigido por el *quarterback* Todd
Collins, volvería a remontar tras ir perdiendo por
26 puntos hasta derrotar a los Colts de Indianápo-
lis, estableciendo el segundo mejor récord de puntos de una remontada en una temporada regular.
La autoeficacia de los Bills de Buffalo parecía pro-
pagarse por sí sola. El triunfo inspiró la confianza; la
confianza dio lugar al triunfo.

¿Y SI INTENTAS SER AMABLE?

El jefe de James lo envió a recibir tratamiento después
de tirar una grapadora en la sala en un arrebato de ira.

James era un hombre de mediana edad que había ido ascendiendo hasta llegar a ser vicepresidente de una gran empresa. No caía bien y la única clave de su éxito era su determinación y esfuerzo. Le dijo a la terapeuta que lo habrían echado hacía tiempo si no se hubiera convertido en un recurso valioso. El problema era que siempre estaba enfadado.

Había sido víctima de maltrato en la infancia y nunca había llegado a superar lo que le había ocurrido. No se lo contó a nadie y se convenció de que no importaba porque había sucedido hacía mucho tiempo. Se había divorciado dos veces, y en ese momento había renunciado a tener una relación, dedicándose por completo al trabajo.

Con el paso de los años, su ira había ido a peor. En una ocasión lo habían echado de un supermercado por gritarle obscenidades a una mujer que había golpeado su carrito de la compra, y en otra lo detuvieron después de que empujara a un taxista por no estar de acuerdo con la tarifa. Los cargos se habían retirado, y James mantenía que lo que había hecho estaba plenamente justificado. Sin embargo, estaba preocupado. Su trabajo lo era todo para él, y estaba dispuesto a hacer lo que fuera con tal de conservarlo, incluso enfrentarse a su pasado.

James tenía poca resiliencia emocional, y a su terapeuta le preocupaba que ahondar en el trauma activara emociones perturbadoras y su conducta empeorara antes de iniciar una mejoría. Así que, antes de empezar a indagar en el pasado, hablaron de las maneras de hacer que el presente fuera un poco menos estresante. La

terapeuta quería encontrar el modo de reducir el constante conflicto que James tenía con casi todos los que
conocía. Así que le enseñó a James a ser manipulador.

Pasaría mucho tiempo antes de que James pudiera confiar en nadie, pero no era idiota. Aprendió enseguida que podía salirse con la suya con más facilidad
sonriendo a la gente que fulminándolos con la mirada.
Empezó a saludar a sus compañeros por la mañana, no
porque le importaran, sino porque le resultaba más fácil hacer que terminaran a tiempo los proyectos. Pedía
pizza para su equipo cuando tenían que trabajar hasta
tarde y felicitaba a la gente por su aspecto. Se convirtió
en un maestro de la manipulación.

Y le encantaba. Le gustaba la nueva fuente de poder que había encontrado, pero también le gustaban
las sonrisas que le devolvían. Se produjo un punto de
inflexión cuando una de las auxiliares administrativas
irrumpió llorando en su despacho y le dijo que alguien
había abierto una cuenta de crédito a su nombre y una
agencia de cobros la estaba amenazando. Había acu-
dido a él en busca de consuelo y consejo. A finales de
esa semana, él y su terapeuta empezaron a hablar de su
pasado.

Hasta ahora nos hemos centrado en el dominio como
una búsqueda en solitario, pero no podemos conseguir
solos todas las metas. Pensemos en el dominio que requiere trabajar con otras personas.

Una relación formada con el fin de cumplir un objetivo se denomina agéntica y está orquestada por la
dopamina. La otra persona actúa como una extensión

de ti, un agente que te ayuda a conseguir tu meta. Por ejemplo, las relaciones que establecemos en eventos de redes de contactos son sobre todo agénticas, y en general acaban siendo en beneficio mutuo. Las relaciones afiliativas, por otra parte, tienen por objeto disfrutar de las interacciones sociales. El simple placer de estar con otras personas, viviendo el presente, se asocia con neurotransmisores del aquí y ahora como la oxitocina, la vasopresina, la endorfina y los endocanabinoides.

La mayoría de las relaciones tienen elementos tantos afiliativos como agénticos. Los amigos a los que les gusta salir juntos en el aquí y ahora (afiliativo) puede que también colaboren en proyectos de futuro, como planear un viaje para hacer *rafting* o una noche de fiesta (agéntico). Los compañeros de trabajo con relaciones principalmente agénticas suelen disfrutar de la compañía mutua. Algunas personas se sienten más cómodas en relaciones agénticas porque son más estructuradas, mientras que otras prefieren las afiliativas porque les parecen más divertidas. Ciertas personas se sienten cómodas con las dos, otras con ninguna.

Hay diferentes tipos de personalidad según las preferencias de relación. Las personas agénticas tienden a ser frías y distantes. Las afiliativas son afectuosas y afables, también sociables, y acuden a los demás en busca de ayuda. Las personas a las que se les dan bien ambas relaciones, afiliativas y agénticas, son amigables, líderes a los que se puede acceder fácilmente, como Bill Clinton o Ronald Reagan. Quienes son menos capaces de desenvolverse en relaciones agénticas es más probable que sean adeptos amables y dispuestos. Quienes tienen dificultades con las relaciones afiliativas pero se les dan bien las agénticas pueden ser vistos como fríos e insensibles, mientras que aquellos a quienes se les dan mal ambas pueden parecer distantes y solitarios.

Las relaciones agénticas se establecen con el fin de dominar el entorno personal para obtener lo máximo posible de los recursos disponibles, el dominio de la dopamina del control. A pesar de que pensamos en el dominio como una actividad dinámica, incluso agresiva, no tiene por qué ser así. A la dopamina no le importa cómo se obtiene algo. Solo quiere conseguir lo que quiere. Por eso, una relación agéntica puede ser totalmente pasiva; por ejemplo, cuando un gerente que dirige una reunión de empleados consigue los resultados que quiere guardando silencio.

Las relaciones agénticas pueden volverse fácilmente explotadoras, como cuando un científico recluta voluntarios para un experimento peligroso sin contarles los riesgos, o como cuando un empresario contrata a alguien con falsos pretextos para explotar sus esfuerzos. Pero una relación agéntica también puede ser humana y hermosa. Ralph Waldo Emerson, poeta estadounidense, escribió: «¿Te cuento el secreto de un verdadero erudito? Es este: cada hombre que encuentro es mi maestro de alguna manera, y por eso aprendo de él».

No importa lo ignorante, degradado o insensato que sea un hombre; hay algo que sabe, algo que domina, que Emerson valoró. Emerson trató de encontrar una valía intelectual en todas las personas, al margen de su posición social. Una relación de este tipo es agéntica porque tiene que ver con obtener algo, en este caso conocimiento. No se trata del placer del aquí y ahora de tener compañía. Lo que hace que esta cita dopaminérgica sea especialmente interesante es que Emerson llamó a ese hombre «mi maestro». Escribió acerca del dominio por medio del sometimiento, un autosometimiento en forma de deferencia, humildad y obediencia.

MACACOS SUMISOS, ESPÍAS HUMILDES

Cuando unos investigadores del Instituto Psiquiátrico del estado de Illinois inyectaron un fármaco que estimulaba la dopamina en macacos rabones, observaron un aumento de los gestos de sumisión, como chasquear los labios, hacer muecas (la versión de sonreír en el macaco) y extender el brazo hacia otro macaco para darle un mordisco suave. A simple vista, esta reacción no tiene sentido. ¿Por qué la dopamina, el neurotransmisor del dominio, desencadenaría una conducta sumisa? ¿Hay una contradicción aquí? En absoluto. En el circuito del control, la dopamina impulsa el dominio del medio, no necesariamente de las personas que hay en él. La dopamina quiere más, y no le importa cómo conseguirlo. De forma moral o inmoral, dominante o sumisa, a la dopamina le da lo mismo, siempre que dé lugar a un futuro mejor.

Pensemos en un espía destinado a un país hostil que intenta acceder a un edificio gubernamental. Mientras merodea por un callejón, se tropieza con el conserje. El espía lo trata de igual a igual, quizá incluso como a su superior, con el fin de obtener su colaboración, una conducta sumisa encaminada a dominar el medio y lograr su objetivo.

La conducta sumisa puede tener connotaciones negativas —dejar que la gente «te pisotee», por ejemplo—, pero el alcance de esta conducta va mucho más allá. En la sociedad moderna, la conducta sumisa a menudo es signo de un nivel social alto; piensa en el cumplimiento estricto de los modales, la especial atención a las convenciones sociales y, en la conversación, la deferencia hacia los demás que forman parte integral del comportamiento de la llamada «élite». El nombre común para esta conducta es *cortesía*, que deriva de la palabra *corte* porque era el comportamiento que adoptaba originalmente la nobleza. En cambio, una conducta dominante, que representa lo contrario de la cortesía, puede tener su origen en la inseguridad personal o en una educación incompleta.

La planificación, la tenacidad y la fuerza de voluntad por medio del esfuerzo personal o en colaboración con los demás son las maneras con las que la dopamina del circuito del control nos permite dominar nuestro medio. Pero ¿cómo nos comportamos, y sentimos, cuando el sistema se desequilibra? En concreto, ¿qué pasa cuando la dopamina del control es excesiva o insuficiente?

EL RETO DEL ESPACIO EXTERIOR, LA LUCHA DEL ESPACIO INTERIOR

REVISTA GQ: ¿Qué se siente al ir a la Luna?

BUZZ ALDRIN: Mire, no sabíamos cómo nos sentíamos. No estábamos sintiendo.

GQ: ¿Cuáles eran sus emociones mientras caminaba por la superficie de la Luna?

BA: Los pilotos de combate no tienen emociones.

GQ: ¡Pero usted es humano!

BA: Teníamos hielo en las venas.

GQ: Bueno, ¿dijo alguna vez «Me voy a meter en eso [un frágil módulo lunar] y alunizar»? ¿Le sorprendió alguna vez?

BA: Entendí su construcción. Tiene tren de aterrizaje. Tiene riostras que comprimen. Tiene sondas que cuelgan. Era una maravilla de la ingeniería.

Entrevista con Buzz Aldrin

En lugar de saludar a sus admiradores por haber caminado sobre la Luna, el coronel Buzz Aldrin les dijo: «Es algo que hicimos. Ahora debemos hacer algo más», en apariencia no mucho más satisfecho que si hubiese pintado una valla. Su deseo no era disfrutar de la gloria, sino encontrar «algo más», el siguiente gran reto que pudiera despertar su interés. Esta necesidad permanente de identificar un objetivo y calcular una forma de conseguirlo fue tal vez el factor más importante en su histórico triunfo. Pero no es fácil tener tanta dopamina recorriendo los circuitos de control. Casi con toda seguridad esta desempeñó un papel importante en la lucha de Aldrin tras volver de la Luna, pues el coronel afrontó la depresión, el alcoholismo, tres divorcios, impulsos suicidas y una estancia en una unidad de psiquiatría, que describió en su sincera autobiografía *Magnificent Desolation: The Long Journey Home from the Moon*.

Al igual que la dopamina del deseo facilita volverse drogadicto —al buscar el subidón y recibir cada vez menos «emoción» de la dopamina—, algunas personas tienen tanta dopamina del control que se vuelven adictas al logro y son incapaces de sentirse realizadas en el aquí y ahora. Piensa en gente que conozcas que trabaja sin descanso para conseguir sus metas pero que nunca se detiene a saborear los frutos de sus logros. Ni siquiera alardean de ellos. Consiguen algo, luego pasan a lo siguiente. Una mujer explicó su experiencia tras asumir un puesto directivo en un departamento de una empresa que estaba sumido en el caos. Tras años de largas jornadas y esfuerzos, logró que todo funcionara sin problemas y enseguida se aburrió. Durante algunos meses intentó disfrutar del nuevo y relajado medio que había creado, pero no pudo soportarlo y pidió el traslado a otro departamento que era un auténtico desastre.

Estas personas muestran los efectos de un desequilibrio entre la dopamina orientada al futuro y los neurotransmisores del aquí y ahora orientados al presente. Huyen de las experiencias emocionales y sensoriales del presente. Para ellas, la vida consiste en el futuro, en mejorar, en innovar.

A pesar del dinero e incluso la fama derivados de sus esfuerzos, acostumbran a ser infelices. No importa cuánto hagan; nunca es suficiente. El escudo de armas familiar de James Bond, el agente secreto ingenioso, implacable y a menudo despiadado, contiene el lema «*Orbis non sufficit*»: el mundo no es suficiente.

El coronel Aldrin se enfrentó a este problema de un modo más profundo de lo que quizá lo haya hecho ningún otro ser humano: «He caminado por la superficie de la Luna. ¿Qué podría hacer yo para superar eso?».

La dopamina explica los misterios del TDAH

¿Qué pasa con quienes están en el otro extremo del espectro, personas cuyos circuitos del control de la dopamina son débiles? Su lucha con el control interno se manifiesta en forma de impulsividad y dificultad para mantener la atención en tareas complejas. Este problema puede dar lugar a una enfermedad conocida: el trastorno por déficit de atención con hiperactividad (TDAH).[2] La falta de atención, de concentración y de control de los impulsos pueden obstaculizar gravemente sus vidas y hacer que sea difícil convivir con ellos. A veces no prestan atención a los detalles ni acaban las tareas. Pueden empezar pagando unas facturas, luego pasar a hacer la colada, después cambiar una bombilla y, finalmente, sentarse y ver la tele con todo tirado por en medio. Durante las conversaciones se pueden distraer con facilidad y no escuchar lo que los demás les dicen. En ocasiones pierden la noción del tiempo, por lo que llegan tarde, y pueden perder objetos como las llaves del coche, los móviles o incluso los pasaportes.

El TDAH se observa con mayor frecuencia en niños. El motivo es que los lóbulos frontales, donde actúa la dopamina del control, son los últimos en desarrollarse y no se conectan del todo al resto del cerebro hasta que

---

2. Esta enfermedad se denomina comúnmente trastorno por déficit de atención, o TDA, porque los adultos no suelen tener la hiperactividad que se presenta en los niños. No obstante, usaremos el término científico, TDAH.

una persona ha finalizado su etapa adolescente y entra en la edad adulta. Una de las labores del circuito del control es mantener a raya el circuito del deseo; de ahí el problema de control de los impulsos asociado con el TDAH. Cuando la dopamina del control es débil, las personas persiguen las cosas que quieren sin pensar demasiado en las consecuencias a la larga. Los niños con TDAH cogen juguetes y se saltan la cola. Los adultos con TDAH hacen compras impulsivas e interrumpen a los demás.

Los tratamientos más habituales para el TDAH son el metilfenidato y las anfetaminas, estimulantes que potencian la dopamina en el cerebro. Cuando estos fármacos se usan para tratar a personas con TDAH, no se suele presentar la tolerancia que sí se da en quienes los toman para perder peso, colocarse o mejorar su rendimiento. No obstante, los estimulantes son drogas. La Administración de Alimentos y Medicamentos de Estados Unidos los incluye en el mismo grupo que los opiáceos, como la morfina y la oxicodona. Se considera que estos medicamentos son los que presentan un mayor riesgo en términos de adicción, por lo que su prescripción por parte de los médicos está sujeta a las restricciones más rigurosas.

Las personas con TDAH tienen un riesgo alto de adicción, sobre todo los adolescentes, debido al mal funcionamiento de los lóbulos frontales. Hace años, cuando la enfermedad era menos conocida, los médicos y los padres eran reacios a dar a estos niños vulnerables fármacos adictivos como el metilfenidato y las anfetaminas. Parecía razonable: no dar sustancias adictivas a personas en riesgo de tener adicción. Sin embargo, pruebas rigurosas demostraron de modo inequívoco que los adolescentes tratados con fármacos estimulantes eran menos propensos a desarrollar adicciones. De hecho, quienes habían empezado el tratamiento a más temprana edad y habían tomado las dosis más altas presentaban menos probabilidades de tener problemas con las drogas. He aquí la razón: si refuerzas el circuito del control de la dopamina, es mucho más fácil tomar decisiones sabias. Por otro lado, si se interrumpe un tratamiento eficaz, la debilidad del circuito del control no se corrige. El circuito del deseo actúa sin encontrar oposición, lo que aumenta la probabilidad de tener una conducta de alto riesgo que busca el placer.

UN RIESGO SORPRENDENTE ENTRE LOS PACIENTES DE TDAH

La drogadicción no es el único riesgo al que se enfrentan estos niños. A un niño con TDAH le cuesta obtener recursos valiosos de su medio —por lo general, en forma de buenas notas— cuando no puede prestar atención o controlar sus impulsos. Pero las malas notas son solo el inicio. Los jóvenes con TDAH tienen dificultades para hacer amigos. ¿Quién quiere estar cerca de alguien que lo interrumpe, le quita cosas y no espera su turno? A menudo tienen que leer los deberes una y otra vez antes de entenderlos. Esto ocurre como resultado de distracciones constantes. Pasar tanto tiempo haciendo los deberes no les deja mucho tiempo para actividades extraescolares como el deporte o las discotecas. Con pocos amigos, malas notas y sin fuentes de placer saludables, los niños que viven con TDAH sin tratar están más dispuestos a buscar fuentes de placer poco saludables. Además de las drogas, también pueden tener problemas con la precocidad sexual o comer en exceso, sobre todo «alimentos placenteros» ricos en sal, grasas y azúcar.

Un gran estudio en el que participaron 700.000 niños y adultos, entre ellos 48.000 con TDAH, reveló que los niños con TDAH tenían un 40 % más de probabilidades de ser obesos y los adultos con TDAH, un 70 % más. Con casi tres cuartos de millón de voluntarios y datos obtenidos de culturas de todo el mundo, el estudio no solo tenía un volumen mayor que la mayoría de las investigaciones de este tipo, sino que era también mucho más diverso, lo que permitió a los científicos comparar los resultados de diferentes países con dietas y tradiciones gastronómicas muy distintas. Sin embargo, a pesar de las diferencias en la dieta entre, por ejemplo, Qatar, Taiwán y Finlandia, los resultados fueron los mismos. El país de residencia no afectaba a la relación entre el TDAH y la obesidad. Tampoco había diferencias entre hombres y mujeres.

Pese a los puntos fuertes de este estudio, también hay puntos débiles. El hecho de que observemos que las personas con TDAH son más propensas a ser obesas no quiere decir necesariamente que tener TDAH cause obesidad. ¿Y si fuera al revés? ¿Y si tener sobrepeso afectara de algún modo al cerebro de tal manera que causara TDAH? Según una sofisticada expresión científica, «la asociación no implica la causa». Es decir, solo porque dos cosas se hallen juntas no significa forzosamente que una cause la otra.

Estaríamos más seguros de que el TDAH lleva a la obesidad si pudiéramos demostrar que las personas desarrollan síntomas de TDAH antes de volverse obesas. Así pues, investigadores de la Universidad de Chicago y de Pittsburgh estudiaron a casi 2.500 niñas para averiguar si había una conexión entre un peso poco saludable y problemas con la impulsividad. El investigador principal observó lo siguiente: «Los niños reciben constantemente señales para comer a través de los anuncios de comida, las máquinas expendedoras, etc., por lo que es fácil imaginar que un niño poco inhibido pueda tener dificultades para resistirse a estas señales para comer».

Los resultados fueron los esperados. Las niñas que tenían problemas con la impulsividad y la planificación a los diez años engordaban más durante los seis años siguientes. Los científicos señalaron que una parte importante del aumento de peso de estas niñas provenía de darse atracones, fuertes arrebatos sin autodominio.

Por una razón similar, los niños con sobrepeso son más propensos a que los atropelle un coche cuando cruzan la calle. No se debe a que caminen más despacio, sino a que son impulsivos. Investigadores de la Universidad de Iowa reunieron a 240 niños de siete y ocho años y les pidieron que cruzaran una calle muy transitada para determinar cuánto tiempo esperaban y con qué frecuencia un coche atropellaba a un niño.[3]

---

3. Lo cierto es que ningún coche atropelló a nadie. Los investigadores usaron realidad virtual.

Si bien las personas con sobrepeso a veces andan más despacio, en este experimento el peso no influyó en la velocidad a la que los niños cruzaban la calle. No obstante, había una relación directa entre cuánto sobrepeso tenía el niño y lo rápido que se lanzaban a cruzar. Los niños con menos sobrepeso esperaban más que los niños con más sobrepeso. Los niños con sobrepeso también dejaban una separación menor entre ellos y los vehículos que se aproximaban; es decir, dejaban que los coches se acercaran más. No sorprende que los atropellaran con más frecuencia.

Es importante recordar que la biología no determina el destino. Las personas cuyos sistemas de control de la dopamina están en un extremo u otro pueden cambiar. Las personas con TDAH pueden mejorar muchísimo con medicación, psicoterapia y, a veces, tan solo tiempo. El coronel Aldrin, que hizo frente a un problema distinto, con el tiempo halló modos de aprovechar la intensidad de su impulso creativo. Desde que volvió de la Luna ha escrito solo o en coautoría una docena de libros, ha creado un juego de estrategia para ordenador y ha propuesto un método revolucionario de viaje al espacio que podría hacer más factible una misión tripulada a Marte. También ha encontrado tiempo para aparecer en numerosos programas de televisión, entre ellos *Bailando con las estrellas*, *El precio justo*, *Top Chef* y *The Big Bang Theory*.

LA QUÍMICA DEL FRAUDE

Sé que tu carácter noble odia el pensamiento de traición
o fraude. ¡Pero la victoria es un premio magnífico!
SÓFOCLES, *Filoctetes*

Me gusta ganar, pero lo que verdaderamente no puedo soportar
es la idea de perder. Porque para mí perder significa la muerte.
LANCE ARMSTRONG

En 1999, tras ganarle la batalla a un cáncer con metástasis, Lance Armstrong ganó su primer Tour de Francia. Un periodista del *New York Times* lo describió de una manera que llegaría a ser típica durante los siguientes años: «Un hombre con una fuerte voluntad y concentración» que «dominó el Tour». Llegó a ganar siete Tours de Francia consecutivos, dominando no solo la famosa carrera, sino el deporte en sí.

Armstrong fue legendario por su determinación. Prefería pedalear con el viento de cara porque así la carrera era más dura y le daba más oportunidades de aguantar más que los competidores. La autora Juliet Macur describió la determinación de Armstrong con esta historia:

> Había un árbol a un lado de su propiedad, a 45 metros al oeste de su casa. Armstrong lo quería delante de la escalera principal. El trasplante costó 200.000 dólares. Sus amigos íntimos bromeaban con que Armstrong, que es agnóstico, maquinó el

proyecto para demostrar que no necesitaba que Dios removiera cielo y tierra.

«Creo que seguramenté me habría vuelto loco si tuviese treinta y cinco o cuarenta años y no tuviera ninguna competición en mi vida», dijo Armstrong.

En 2012, al campeón del mundo de ciclismo lo despojaron de sus siete títulos del Tour de Francia cuando salió a la luz que había usado sustancias dopantes. ¿Por qué debería hacer trampa este legendario atleta, este hombre de férrea determinación que nunca se dio por vencido, incluso frente al cáncer? Por extraño que parezca, tal vez hizo trampa porque tuvo mucho éxito.

La dopamina no viene equipada con una conciencia. Más bien es una fuente de ingenio alimentada por el deseo. Cuando se embala, elimina los sentimientos de culpa, que es una emoción del aquí y ahora. Es capaz de inspirar un esfuerzo honroso, pero también el engaño e incluso la violencia con tal de conseguir lo que quiere.

La dopamina busca más, no la moralidad; para la dopamina, la fuerza y el fraude no son más que instrumentos.

Investigadores israelíes realizaron un experimento para intentar entender mejor por qué la gente hace trampa. Prepararon un par de juegos que enfrentarían a dos jugadores. El primero era un juego de adivinanzas en el que los jugadores competían para ver quién adivinaba las imágenes que iban a aparecer en una pantalla de ordenador. En este juego era imposible hacer trampa. El segundo juego era distinto: el primer jugador tiraba dos dados y anunciaba los resultados al segundo jugador. Cuanto más alta era la tirada, más dinero obtenía el primer jugador y menos su adversario. En este juego hacer trampa no solo era posible, sino también fácil. El segundo jugador no podía ver los dados, por lo que el primer jugador podía decir lo que quisiera. El ganador y el perdedor del primer juego se turnaban para tirar los dados y decir el resultado.

Debido a las características de los dados, si todos eran honestos, la puntuación media debería haber sido, más o menos, siete. Los perdedores del primer juego indicaron una puntuación media en las tiradas de algo más de seis durante el segundo juego, lo que era acorde con el azar. Los ganadores del primer juego, por otro lado, señalaron una media de casi nueve en el segundo juego. El análisis estadístico reveló que era sumamente improbable que ese número pudiera ser producto del azar. Había una probabilidad superior al 99 % de que los ganadores del primer juego hicieran trampa en el segundo.

En la siguiente fase del experimento, los investigadores cambiaron las cosas. En lugar de una competición, el primer juego se cambió por una lotería, y el nuevo mecanismo arrojó unos resultados muy distintos. Los jugadores que ganaron la lotería no hicieron trampa en ningún momento durante el segundo juego. De hecho, al parecer indicaron unas puntuaciones inferiores, por lo que sus adversarios compartieron el botín de la victoria.

Los científicos no sabían muy bien cómo explicar este resultado. Pensaron que tal vez quienes ganaban las competiciones, a diferencia de quienes lo hacían por pura suerte, desarrollaban un sentido del derecho que les permitía justificar las posteriores trampas. Sin embargo, considerando el papel que desempeña la dopamina a la hora de motivarnos para dominar nuestro medio, podemos encontrar una explicación mejor.

Ganar competiciones, junto con comer y tener relaciones sexuales, es fundamental para el éxito evolutivo. De hecho, lo que nos permite acceder a la comida y a las parejas reproductoras es ganar competiciones. Por consiguiente, no sorprende que cuando se ganan competiciones se libere dopamina. Lo que sentimos cuando lanzamos una pelota de tenis por encima de la red, sacamos una buena nota en un examen o nuestro jefe nos elogia es una descarga de placer. El pico de dopamina sienta bien, pero es distinto del pico de placer del aquí y ahora, que es una oleada de satisfacción. Y la diferencia es fundamental: la descarga de dopamina provocada al ganar hace que queramos más.

GANAR PARA EVITAR PERDER

No basta con ganar el Tour de Francia. No basta con ganarlo dos o incluso siete veces. Ganar nunca es suficiente. Nada es suficiente para la dopamina. Lo que importa es la búsqueda, y la victoria, pero no hay línea de meta y nunca la habrá. Ganar, al igual que las drogas, puede ser adictivo.

Sin embargo, el subidón de placer que nunca satisface del todo es solo la mitad de la ecuación. La otra mitad es la caída de la dopamina, que sienta fatal.

Cada año, los médicos de Washington D. C. rellenan una papeleta para votar a los mejores doctores de diversas especialidades. Los resultados se publican en la famosa edición Top Doc de la revista *Washingtonian*, que es la más vendida. Ser nombrado Top Doc es un honor y te hace sentir bien. Lo ven tus colegas, tus amigos y tu familia, todo el mundo lo ve. No obstante, cuando la aureola de satisfacción desaparece, surge una cuestión incómoda: ¿lo conseguiré el año que viene? Todos los que me felicitaron, ¿qué pensarán cuando mi nombre desaparezca de la lista? Nadie está en la lista eternamente; ¿cómo aguantaré la humillación de que me saquen? A nadie le gusta perder, pero es diez veces peor después de ganar. Cuando abres la revista esperando ver tu nombre y no está, notas una sensación desagradable en la boca del estómago.

Los ganadores hacen trampa por el mismo motivo por el que los drogadictos consumen drogas. El subidón sienta bien, y la abstinencia te hace sentir muy mal. Ambos saben que su conducta puede destruir su vida, pero al circuito del deseo no le importa. Tan solo quiere más. Más drogas, más éxito. Pero el verdadero éxito no viene de hacer trampa. Si cometes un error, la gente te perdonará, pero si actúas de forma deshonesta, esto te acompañará durante mucho tiempo. Por eso el circuito del control es tan importante. Es racional. Es capaz de tomar decisiones en frío y fundamentadas, decisiones que mejorarán notablemente tu bienestar no solo actual, sino también futuro. Y, sin embargo, para muchas personas el fraude es una tentación poderosa y a veces abrumadora cuando van tras la euforia de la victoria. Al menos a corto plazo, el fraude funciona.

O puedes limitarte a darle un puñetazo a alguien.

Violencia en caliente y en frío

La doctora Jones estaba en el ascensor, temiendo el interrogatorio que estaba a punto de realizar a un paciente. Era la una de la madrugada y la habían llamado a urgencias para que examinara a un paciente que decía que iba a matar a alguien. Tenía que hacerlo bien. Cuando un paciente psiquiátrico amenaza repetidamente con asesinar, acaba matando a la víctima. Entonces hay que atrapar al asesino, y el médico que lo dejó libre puede ser considerado responsable.

El paciente, desaliñado y maloliente, miraba sin pestañear a la doctora Jones. Ya había estado ahí antes. Se había mostrado problemático y poco colaborador. Durante una estancia, fue acusado de tocamientos no consentidos a una mujer que recibía tratamiento para la esquizofrenia. Dijo que era alérgico a todos los medicamentos psiquiátricos, excepto el Xanax.

Aparte de consumir cocaína, no tenía demasiados problemas psiquiátricos, pero esa noche pidió ingresar en el hospital. Mencionó varias detenciones y que había pasado tres años en la cárcel. Si no lo aceptaban en «la unidad», dijo, llevaría a cabo su plan y mataría a alguien.

«Digamos que es alguien que me hizo algo, ¿vale?», dijo.

La paranoia es uno de los trastornos psiquiátricos más fáciles de tratar en casos de personas que amenazan con la violencia. La paranoia hace que sientan miedo, y en ocasiones creen que la única manera de protegerse es matar a las personas que consideran que están tramando algo contra ellos. Con un tratamiento a base de antipsicóticos, los delirios, junto con el riesgo de violencia, suelen desaparecer en cuestión de una semana.

Pero el paciente sentado delante de la doctora Jones, con sus ojos todavía clavados en los de ella, no era psicótico.

La doctora Jones se enfrentó a un dilema. Sabía que el paciente no podía ser hospitalizado y que admitirlo en la unidad pondría en riesgo a otros pacientes. Por otra parte, tenía antecedentes de violencia. Finalmente, lo ingresó, temiendo por la seguridad de la víctima cuyo nombre se negó a mencionar, lo ingresó, pero sintiéndose culpable por la posibilidad de poner en peligro a los pacientes de la planta.

La violencia a veces es el resultado de una disfunción o patología. Sin embargo, casi siempre es una elección, un modo coercitivo y calculado de obtener lo que quieres.

La fuerza, expresada a menudo como violencia, es el instrumento definitivo de dominio, pero ¿es dopaminérgica? La violencia tiene dos variantes: la planeada, que es causada con una finalidad, y la espontánea, provocada por la pasión. La violencia con una finalidad, concebida para obtener algo que el agresor desea, podría ser tan prosaica como atracar a alguien en la calle o tan trascendental como iniciar una guerra mundial. En cada caso lo importante es fijarse en una estrategia eficaz, planeada de antemano, a veces hasta el más mínimo detalle, y siempre con el objetivo de obtener recursos o control. Es una agresión impulsada por la dopamina y tiende a tener un bajo contenido emocional. Es una violencia en frío.

Pensemos en el cálculo dopaminérgico y la respuesta instintiva como extremos opuestos de un balancín: cuando uno está arriba, el otro está abajo. La capacidad para inhibir emociones como el miedo, la ira o el deseo abrumador supone una ventaja en medio del conflicto. La emoción es casi siempre un lastre que interfiere con la acción calculada. En realidad, una estrategia de dominio habitual es estimular las reacciones emocionales del adversario para dificultar su capacidad de llevar a cabo sus planes. En el deporte, se presenta en forma de insultos en la cancha de baloncesto o en el campo de juego.

La agresión impulsada por la pasión es un ataque frente a la provocación. No se trata de una acción calculada y orquestada por el circuito del control de la dopamina, sino justo lo contrario. Cuando la pasión impulsa la agresión en respuesta a la provocación, los circuitos del aquí y ahora inhiben la dopamina. Las personas que tienden a este tipo de agresión suelen poner en peligro su bienestar futuro. Pueden acabar heridos, detenidos o sencillamente avergonzados. Pensemos en un progenitor que pierde los estribos en un partido de hockey de su hijo. Tanto ponerse histérico como dar un puñetazo no son actos calculados, sino una reacción emocional irreflexiva. Desde el punto de vista de la dopamina, no se gana nada, no hay recursos que se puedan maximizar, no se puede sacar ningún provecho. La emoción supera a la recompensa, a la cautela y al cálculo de la dopamina del control.

Anthony Trollope, un novelista inglés, contrastó ambas estrategias para describir un debate político entre dos de sus personajes, Daubeny y Gresham, líderes de partidos parlamentarios rivales.

Mientras que Daubeny golpeaba todo lo fuerte que podía, pues había premeditado cada golpe y sopesado de antemano sus consecuencias, calculando incluso su potencia respecto a los efectos de un golpe repetido en una herida ya infligida, Gresham golpeaba a diestro y siniestro y directamente, y en su furia podría haber matado a su adversario antes de que se diera cuenta de que estaba sangrando.

La violencia puede darnos el dominio, pero para conseguirlo debe proceder de los circuitos del control de la dopamina en frío.

¿QUÉ ES UNA PERSONALIDAD DOPAMINÉRGICA?

Algunas personas tienen circuitos dopaminérgicos más activos que otras. Los investigadores han identificado varios genes que contribuyen al desarrollo de este tipo de personalidad. Es importante señalar que una actividad dopaminérgica elevada puede expresarse de diversas formas. Alguien con un circuito del deseo muy activo podría ser impulsivo o difícil de satisfacer debido a su búsqueda continua de más. Su contraparte sería alguien a quien es fácil satisfacer. En lugar de tomar copas en una ruidosa discoteca, una persona menos dopaminérgica podría preferir pasar el día cuidando el jardín y después acostarse temprano.

Por otra parte, una persona con un circuito del control muy activo podría ser fría, calculadora, despiadada y carente de emociones. Su contraparte sería una persona afable y generosa, más interesada en cultivar la amistad que en ganar competiciones. El cerebro es complicado, y la forma en que la actividad en un circuito se traduce en un comportamiento depende de la actividad en muchos otros circuitos que trabajan juntos. Además de estos ejemplos, una personalidad dopaminérgica puede expresarse de otros modos que se describirán más adelante. Todas estas personas tienen, sin embargo, algo en común. Están obsesionadas con hacer que el futuro sea más gratificante a costa de sacrificar los placeres del presente.

INHIBICIÓN DE LA EMOCIÓN

Si puedes mantener la cabeza en su sitio cuando todos
a tu alrededor la pierdan y te culpen a ti. [...]
Si puedes forzar tu corazón y tus nervios y tus tendones,
para seguir adelante mucho después de que estén agotados,
y así resistir cuando ya no te quede nada
salvo la Voluntad que les dice: «¡Resistid!». [...]
Tuya es la Tierra y todo lo que hay en ella.
RUDYARD KIPLING, «Si...»

La emoción es una experiencia del aquí y ahora. Es lo que sentimos aquí mismo, ahora mismo. La emoción es crucial para nuestra capacidad de comprender el mundo, pero las emociones a veces pueden superarnos. Cuando eso ocurre, tomamos decisiones menos lógicas. Por suerte, la resistencia de la dopamina a los circuitos del aquí y ahora puede bajar el volumen de la emoción. En situaciones complejas, las personas que tienen lo que llamamos «una mente fría», las que son más dopaminérgicas, pueden inhibir esta respuesta y tomar decisiones más deliberadas que suelen funcionar mejor. Uno de nuestros antepasados evolutivos que estuviera dotado de un circuito del control de la dopamina particularmente robusto reaccionaría al ataque de un león inhibiendo el impulso de sucumbir al pánico y, en lugar de escapar del animal, cogería tranquilamente un palo ardiendo de la hoguera para ahuyentarlo. Cuando se requiere una medida audaz en medio del caos, quien puede mantener la calma, evaluar los recursos disponibles y elaborar enseguida un plan de acción es quien sale adelante.

🐝 CÓMO ESQUIVAR UN PUÑETAZO 🐝

Aunque la complejidad de la sociedad moderna puede hacer que las decisiones automáticas de lucha o huida vayan en contra de nuestros intereses, en situaciones más básicas funcionan a la perfección. Un joven médico que hablaba con un drogadicto irritable en la sala de urgencias se negó a satisfacer la demanda de drogas del paciente. Cuando a este le quedó claro que no iba a obtener lo que quería, le soltó un puñetazo. Por suerte, el médico lo esquivó, y antes de que el paciente tuviera tiempo de intentar pegarle otra vez, llegaron en su ayuda dos guardias de seguridad que lograron tranquilizar al paciente. Cuando todo pasó, el médico dijo: «No tenía ni idea de qué estaba ocurriendo. No hubo tiempo para pensar. Tan solo sucedió». Le alegró saber que era el afortunado poseedor de circuitos del aquí y ahora que sabían cuándo esquivar; no había sido necesario un cálculo por parte de la dopamina.

Salí con mi barco de doce metros de eslora junto con otro tripulante a mar abierto. Enseguida encontramos vientos de cincuenta y seis kilómetros por hora y olas de tres metros. Ninguno de los dos estábamos preocupados. Habíamos visto esta clase de tiempo antes muchas veces.

Cogí el timón para virar. Cuando lo estaba haciendo, oí un ruido muy fuerte y el timón giró a lo loco. Ya no tenía el control del timón y me asusté como nunca antes en mi vida.

Estábamos en un arrecife en forma de L. El coral se veía debajo del agua, y las olas nos empujaban hacia él. Mi primer pensamiento fue saltar del barco. Quería ponerme un chaleco salvavidas e intentar nadar para escapar del peligro. Enseguida me di cuenta de que sería imposible. Las olas me estrellarían contra el arrecife o la resaca me empujaría mar adentro. Sentí que me invadía un pánico absoluto y sabía que, si dejaba que se hiciera con el control, perdería mi capacidad de pensar. Todo esto pasó en el transcurso de unos diez segundos.

Para salvarme, empecé a pensar. Envié por radio un mensaje de socorro; entonces mi tripulante y yo manejamos las velas y las usamos para alejarnos del arrecife. Después pensamos en una manera de controlar el timón con los pies y conseguimos que el barco apuntara en dirección a la costa. En cuanto empecé a planear y actuar, el pánico disminuyó y pude pensar con la cabeza.

Cuando llegamos a la orilla, mientras regresaba a mi habitación, empecé a llorar y temblar sin poder controlarme.

Esta historia real es un ejemplo excelente de interacción entre la dopamina y la sustancia química del aquí y ahora de lucha o huida: la norepinefrina. Cuando se rompió el mecanismo de dirección, la norepinefrina empezó a surtir efecto. La emoción de miedo del aquí y ahora abrumó al marinero. Solo quería conseguir escapar de la situación. Al principio, la oleada neuroquímica del aquí y ahora inicial desplazó su capacidad dopaminérgica para planear. Sin embargo, el hecho de que pudiera sentir que estaba siendo presa del pánico pero que podía frenarlo indica que su sistema dopaminérgico no se había detenido del todo.

Pasados solo unos segundos, la dopamina del control se activó totalmente y él empezó a planear de forma racional. La norepinefrina del aquí y ahora había cesado y el miedo había disminuido, lo que le permitió abordar el problema de manera cerebral y carente de pasión para sobrevivir. Cuando pasó la crisis y estuvo a salvo en la orilla, la dopamina disminuyó y dejó espacio a que volviera a toda velocidad la sustancia del aquí y ahora, lo que provocó los temblores y el llanto.

La opinión generalizada atribuiría su supervivencia en el mar a la «actuación de la adrenalina». En realidad, era al revés. No se debía a la adrenalina, sino a la actuación de la dopamina. Durante los momentos intensos para salvar el barco, la dopamina se hizo con el control y la adrenalina (llamada norepinefrina cuando está en el cerebro) se inhibió.

En el siglo XVIII, Samuel Johnson resumió la situación de este modo: «Cuando un hombre sabe que lo van a colgar al cabo de quince días, su mente se concentra de manera extraordinaria». Un doctor más actual, David Caldicott, médico de urgencias en el Hospital Calvary de Canberra, en Australia, lo expresó de esta forma: «La medicina de urgencias es como pilotar un avión. Horas de mundanidad salpicadas de momentos de puro terror. Sin embargo, si eres un buen profesional, no tienes miedo. Solo te concentras».

ES MÁS FÁCIL MATAR A DISTANCIA

En el clásico de ciencia ficción *Dune*, de Frank Herbert, el héroe tiene que demostrar que es humano reprimiendo su instinto animal para actuar en el aquí y ahora. Tiene la mano metida en un artilugio diabólico, una caja negra que provoca un dolor inimaginable. Si saca la mano de la caja, la anciana que realiza la prueba le perforará el cuello con una aguja envenenada y él morirá. Ella le dice: «¿Has oído hablar de los animales que se devoran una pata para escapar de una trampa? Esa es la astucia a la que recurriría un animal. Un ser humano permanecerá en la trampa, soportará el dolor y fingirá estar muerto para coger por sorpresa al cazador, matarlo y eliminar así un peligro para su especie».

Algunas personas reprimen sus emociones de forma natural mejor que otras. De hecho, les viene de nacimiento, en parte por el número y la naturaleza de sus receptores de dopamina, moléculas en el cerebro que reaccionan cuando se libera dopamina. Las diferencias se deben a la genética. Los investigadores midieron la densidad de los receptores dopaminérgicos (cuántos hay y lo cerca que se aglomeran) en el cerebro de diversas personas y compararon los resultados con pruebas que determinaban el «desapego emocional» de la persona.

La prueba de desapego medía rasgos como la tendencia a evitar compartir información personal y a involucrarse con otras personas. Los científicos vieron que había una relación directa entre la densidad de los receptores y el compromiso personal. Una densidad alta se asociaba con un nivel alto de desapego emocional. En otro estudio, las personas con los valores de desapego más altos se describían a sí mismas como «frías, distantes socialmente y rencorosas en sus relaciones». En cambio, las que tenían los valores de desapego más bajos se describían a sí mismas como «demasiado protectoras y fáciles de explotar».

Mucha gente tiene personalidades que están en algún punto intermedio de la escala de desapego máxima y mínima. No somos ni distantes ni demasiado protectores. El modo en que reaccionamos depende de las circunstancias. En un contexto peripersonal —de cerca, en contacto directo, centrados en el momento presente—, los circuitos del aquí y ahora se activan, y los aspectos emocionales y afables de nuestra personalidad salen a la luz. En cambio, en un contexto extrapersonal —a distancia, pensando de manera abstracta, centrados en el futuro—, es más probable que se vean las partes racionales y carentes de emoción de nuestra personalidad. Estas dos formas de pensar distintas se ilustran mediante el dilema ético «del tranvía».

Un tranvía descontrolado se precipita por las vías hacia un grupo de cinco obreros. Si no se hace nada, todos morirán. Es posible, sin embargo, detener el tranvía empujando a un transeúnte a las vías. Su muerte ralentizará el tren lo suficiente como para salvar la vida de los cinco obreros. ¿Empujarías al transeúnte a las vías?

En esta situación hipotética, mucha gente sería incapaz de empujar al transeúnte a las vías, de matar a una persona con sus propias manos para salvar siquiera la vida de otras cinco. Los neurotransmisores del aquí y ahora que intervienen son los responsables de crear empatía hacia los demás y superarán a la razón calculada de la dopamina en la mayoría de las personas. La reacción del aquí y ahora es tan fuerte en esta situación porque estamos muy cerca, en plena zona peripersonal. De hecho, tendríamos que poner las manos en la víctima mientras la condenamos a morir. Eso sería imposible para todos, excepto para las personas más desapegadas.

Pero, dado que la mayor influencia de los neurotransmisores del aquí y ahora está en el espacio peripersonal —en el ámbito inmediato de lo que nos dicen los cinco sentidos—, ¿qué pasaría si retrocediéramos, paso a paso, disminuyendo gradualmente la influencia del aquí y ahora en nuestra decisión? ¿Aumenta nuestra disposición, nuestra capacidad, a la hora de trocar una vida por cinco a medida que nos alejamos literalmente de nuestra víctima, a medida que salimos del espacio peripersonal del aquí y ahora y nos adentramos en el espacio extrapersonal dopaminérgico?

Empecemos por eliminar la sensación del aquí y ahora del contacto físico. Supongamos que estás de pie a una cierta distancia observando el desarrollo de la escena. Hay un interruptor que puedes accionar para hacer que el tranvía se desvíe de la vía en la que están las cinco personas hasta otra en la que solo matará a una. Si no haces nada, las cinco morirán. ¿Accionarás el interruptor?

Alejémonos aún más. Imagina que estás sentado en una mesa en una ciudad distinta en la otra punta del país. Suena el teléfono y un ferroviario desesperado describe la situación. Desde tu mesa controlas el recorrido del tranvía. Puedes accionar un interruptor y desviarlo hasta una vía en la que hay una sola persona o no hacer nada y dejar que el tranvía arrolle a las cinco personas. ¿Accionarás el interruptor?

Por último, hagamos que la situación sea lo más abstracta posible: saca todas las sustancias del aquí y ahora y conviértelas solo en dopaminérgicas. Imagina que eres un ingeniero de sistemas de transporte que diseña los dispositivos de seguridad de la vía férrea. Se han instalado cámaras al lado de las vías para obtener información sobre quién hay junto a ellas. Tienes la oportunidad de crear un programa informático que controlará el interruptor. El programa usará la información de la cámara para decidir qué vía matará a menos personas. ¿Crearás el *software* que en el futuro podría salvar la vida de cinco personas matando a una?

Las situaciones hipotéticas cambian, pero los resultados serán los mismos: se sacrifica una vida para salvar cinco, o se pierden cinco vidas para evitar matar directamente a una persona. Muy poca gente pondría las manos en una persona inocente y la empujaría a la muerte. Sin embargo, muy poca gente vacilaría en crear el *software* que gestionaría el cambio de vía de modo que se minimizara la pérdida de vidas. Es casi como si hubiera dos mentes separadas evaluando la situación. Una mente es racional y toma decisiones basándose únicamente en la razón. La otra es empática, incapaz de matar a una persona, independientemente del resultado que se derivaría de ello. Una busca dominar la situación imponiendo el control para maximizar el número de vidas salvadas; la otra, no. Que una persona elija un desenlace u otro depende en parte de la actividad en los circuitos dopaminérgicos.

DECISIONES DIFÍCILES EN EL MUNDO REAL

Este problema no es solo teórico; plantea una dificultad a los desarrolladores de coches autónomos. Si un accidente mortal entre dos coches es inevitable, ¿cómo debería estar programado un coche autónomo? ¿Debería girar en una dirección para proteger la vida de su propietario o girar en dirección contraria, matando a su propietario, si así mueren menos ocupantes del otro vehículo? Consejo para el consumidor: si estás buscando un coche autónomo, pregunta al vendedor cómo está programado.

Esta cuestión también se reflejó en la película de 2016 *Espías desde el cielo*. Unos terroristas en Kenia están preparando dos atentados suicidas en un ataque que matará nada menos que a doscientas personas. Queda muy poco tiempo para detenerlos. En la otra parte del mundo, el piloto de un dron está a punto de lanzar un misil para matar a los terroristas. Poco antes del lanzamiento, una niña pone una mesa para vender pan junto a la casa de los terroristas. Si el piloto del dron no hace nada, cientos de personas morirán. Pero para salvar esas vidas, debe matar a la niña junto con los terroristas. La película plantea el intenso debate sobre qué decisión tomar en esta representación realista del «dilema del tranvía».

A veces actuamos de un modo: frío, calculador, tratando de dominar el medio para obtener algo en el futuro. A veces actuamos de otro: afable, empático, compartiendo lo que tenemos con tal de hacer felices a los demás en el presente. Los circuitos del control de la dopamina y los circuitos del aquí y ahora actúan de forma opuesta, creando un equilibrio que nos permite ser compasivos con los demás al tiempo que protegemos nuestra propia supervivencia. Dado que el equilibrio es fundamental, el cerebro a menudo conecta los circuitos opuestos. Funciona tan bien que a veces hay incluso una conexión opuesta en el mismo sistema neurotransmisor.

El sistema dopaminérgico actúa de este modo, así que ¿qué pasa cuando la dopamina se opone a la dopamina?

EL DESAFÍO DE LOS RÁBANOS
Y LAS GALLETAS

La dopamina, un neurotransmisor, es la fuente del deseo (a través del circuito del deseo) y la tenacidad (a través del circuito del control); la pasión que señala el camino y la fuerza de voluntad que nos lleva hasta allí. Por lo general, ambos trabajan juntos, pero cuando el deseo se obsesiona con cosas que a la larga nos harán daño —un trozo más de pastel, una aventura extramatrimonial o una inyección en vena de heroína—, la fuerza de voluntad dopaminérgica se transforma y lucha con su circuito complementario.

La fuerza de voluntad no es el único instrumento que la dopamina del control tiene en su arsenal cuando necesita oponerse al deseo. También puede usar la planificación, la estrategia y la abstracción, por ejemplo, la capacidad para imaginar las consecuencias a largo plazo de las diversas alternativas. Pero cuando necesitamos resistir a los impulsos perjudiciales, la fuerza de voluntad es el primer instrumento del que echamos mano. Y resulta que eso podría no ser una buena idea. La fuerza de voluntad puede ayudar a un alcohólico a decir no a una copa una vez, pero es probable que no sirva si tiene que decir no una y otra vez durante meses o años. La fuerza de voluntad es como un músculo. Se fatiga con el uso y, tras un periodo relativamente breve, se agota. Uno de los mejores experimentos que demuestran los límites de la fuerza de voluntad fue el famoso estudio de los rábanos y las galletas. Este estudio se basaba en el engaño. Les dijeron a los voluntarios que iban a apuntarse a un estudio de degustación de alimentos. He aquí cómo lo explicó un científico:

> El laboratorio se preparó meticulosamente antes de que llegaran los voluntarios para valorar los alimentos. Se prepararon galletas de chocolate en un pequeño horno que había en la sala y, como resultado, el laboratorio se llenó del delicioso aroma del chocolate recién hecho y horneado. En la mesa donde se sentaba el voluntario se pusieron dos alimentos. Uno consistía en un montón de galletas de chocolate al que se añadieron bombones de chocolate. El otro era un cuenco con rábanos rojos y blancos.

Cuando llegaron, los voluntarios estaban hambrientos. Les habían pedido que se saltaran una comida antes de ir al laboratorio. La visión y el olor de las galletas de chocolate recién hechas eran muy tentadores en esas condiciones. De uno en uno, se llevó a los voluntarios al laboratorio donde estaban las galletas de chocolate recién sacadas del horno y se les dijo que, en función del grupo al que hubieran sido asignados, probaran dos o tres galletas o dos o tres rábanos. Antes de que el voluntario empezara a comer, el investigador salió de la sala y le recordó al voluntario que solo debía comer los alimentos que le habían sido asignados.

Ninguno de los voluntarios a los que se les asignaron los rábanos rompió las reglas y se comió una galleta, aunque era evidente que la tentación existía. Los investigadores echaron un vistazo a través de una cortina para observar lo que hacían. «Varios de ellos miraron con ganas la fuente de chocolate y en unos pocos casos cogieron galletas para olerlas.»

Pasados unos cinco minutos, el investigador regresó y le dijo al voluntario que el siguiente paso del estudio no tenía nada que ver con el anterior: se trataba de una prueba de capacidad de resolución de problemas. Lo que no se les dijo a los voluntarios fue que el problema no se podía resolver. La cuestión era: ¿cuánto tiempo perseveraría cada voluntario en esta tarea imposible?

Los voluntarios a los que se les había permitido comer galletas le dieron vueltas al problema unos diecinueve minutos. Los que solo habían podido comer rábanos, los que se habían autocontrolado para combatir sus ganas de comer galletas, persistieron en la tarea solo ocho minutos —menos de la mitad del tiempo— antes de desistir. Los investigadores concluyeron lo siguiente: «Resistirse a la tentación parece haberse cobrado un coste psíquico, en el sentido de que después los voluntarios fueron más proclives a desistir fácilmente frente a la frustración». Si estás a dieta, cuantas más veces resistas la tentación, más probabilidades tienes de fracasar la próxima vez. La fuerza de voluntad es un recurso limitado.

La máquina para ejercitar
la fuerza de voluntad

Si la fuerza de voluntad es como un músculo, ¿se puede fortalecer por medio del ejercicio? Sí, pero hacen falta unas «máquinas de ejercicios» de alta tecnología, el tipo de equipo que usaron los científicos del Centro de Neurociencia Cognitiva de la Universidad Duke para ver si podían mejorar la parte del cerebro que usan las personas para la fuerza de voluntad.

Primero facilitaron las cosas. Daban dinero a los voluntarios si lograban finalizar una tarea. Es fácil motivarse cuando hay una recompensa inmediata. Mediante un escáner cerebral, pudieron ver la activación del área ventral tegmental del cerebro, el lugar donde se originan tanto el circuito del deseo como el del control. Después pidieron a los voluntarios que encontraran modos para automotivarse. Sugirieron varias estrategias, como decirse a sí mismos: «¡Puedes hacerlo!». Animaron a los voluntarios a ser creativos y usar lo que pensaran que los motivaría más. Algunos imaginaron entrenadores que los alentaban. Otros imaginaron situaciones en las que sus esfuerzos se veían recompensados. En todo momento estuvieron tumbados en el escáner cerebral mientras los científicos observaban qué pasaba en la zona de la motivación del cerebro. Lo que vieron los sorprendió: no pasaba nada. Aunque sirvió que les dieran dinero, cuando los voluntarios intentaban hacerlo por su cuenta fracasaban.

A continuación, los investigadores les ofrecieron un poco de ayuda en forma de *biofeedback*, que es cuando se facilita información a una persona sobre cómo funciona su cuerpo y su cerebro. Esta información ayuda a encontrar modos eficaces de controlar cosas que suelen ser inconscientes. La forma más conocida de *biofeedback* sirve para relajarse. En el dedo de una persona se pone un dispositivo que mide pequeñas cantidades de sudor. Cuanto menos suda, mayor es la relajación. La señal se expresa en forma de tono, y el usuario intenta manipular el tono hacia la relajación. Funciona.

En el experimento de motivación, se mostró a los voluntarios un termómetro con dos líneas. Una indicaba el nivel de actividad actual en la zona de la motivación y la otra representaba un punto más elevado que tenían que intentar alcanzar. Así podían ver qué estrategias funcionan y cuáles no. Pasado un rato, crearon una colección de escenas imaginarias que potenciaban de forma eficaz la actividad de la motivación. Estas estrategias siguieron funcionando incluso cuando se retiró el termómetro. Fortalecer la fuerza de voluntad era posible, pero requería una ventana de tecnología sofisticada que permitiera a los voluntarios que participaban en las pruebas mirar dentro de su cerebro.

LA DOPAMINA FRENTE A LA DOPAMINA

Aunque la fuerza de voluntad se puede reforzar, sigue sin ser la respuesta a un cambio perdurable y a largo plazo. Así pues, ¿qué funciona? Esa cuestión interesa mucho a los médicos que ayudan a las personas a luchar para superar sus adicciones. No se puede combatir las drogas solo con la fuerza de voluntad. Se necesita algo más que eso. Hay algunas medicaciones que ayudan con ciertas adicciones, pero no sirven si se administran solas. Han de combinarse con algún tipo de psicoterapia.

El objetivo de la psicoterapia para las adicciones es enfrentar una parte del cerebro con la otra. Parte del circuito del deseo dopaminérgico se vuelve maligno con la drogadicción, empujando al toxicómano a un uso compulsivo e incontrolable. Hay que oponerle una fuerza de igual potencia. Sabemos que la fuerza de voluntad no bastará. ¿Qué otros recursos se pueden usar para ganar esta batalla?

Esta cuestión se ha estudiado ampliamente, y los conocimientos obtenidos han dado lugar a diversas psicoterapias. Entre las más estudiadas están la terapia de estimulación motivacional, la terapia cognitivo-conductual y la terapia de facilitación de doce pasos. Cada una emplea un método único para usar los recursos que se hallan en el cerebro humano con el fin de contrarrestar los impulsos destructivos de la disfunción del circuito del deseo dopaminérgico.

TERAPIA DE ESTIMULACIÓN MOTIVACIONAL: LA DOPAMINA DEL DESEO FRENTE A LA DOPAMINA DEL DESEO

Los toxicómanos anhelan las drogas. Las consumen pese a que destruyen su vida, pero muchos de ellos saben que se están haciendo daño a sí mismos. Estas sustancias químicas nos les engañan del todo, pues tienen sentimientos encontrados: una parte de ellos tan solo quiere consumir drogas, pero también tienen otros deseos más débiles. Esos deseos pueden reforzarse. Puede existir el deseo de ser mejor esposo o esposa, mejor progenitor o mejorar en el trabajo. El drogadicto puede ver que su cuenta bancaria disminuye y desear la tranquilidad que le da tener una seguridad económica. O puede que se despierte sintiéndose mal todos los días y desee volver a la época en la que estaba fuerte y sano.

Ninguno de estos deseos es capaz de provocar la liberación de dopamina como lo hacen las drogas, pero el deseo no solo nos da la motivación para actuar, también nos da paciencia para resistir. En la terapia de estimulación motivacional (TEM), los pacientes soportan sentirse amargados y con carencias —el castigo de la dopamina decepcionada— porque saben que ello los llevará a algo mejor. La finalidad de la terapia es avivar las llamas del deseo de una vida mejor.

Los terapeutas de TEM fomentan la motivación animando a sus pacientes a hablar de sus deseos sanos. Según un viejo refrán: «No creemos en lo que oímos, creemos en lo que decimos». Por ejemplo, si sermoneas a alguien acerca de la importancia de la honestidad y luego haces que juegue a un juego en el que se recompensa hacer trampa, seguramente comprobarás que el sermón no ha servido de mucho. Por otro lado, si pides a alguien que te hable de la importancia de la honestidad, será menos proclive a hacer trampa cuando se siente a jugar al juego.

La TEM es un poco manipuladora. Cuando el paciente dice algo que le gusta al terapeuta, lo que se conoce como una declaración a favor del cambio —«A veces me cuesta llegar puntual al trabajo después de pasarme la noche bebiendo mucho»—, este responde con un refuerzo positivo o le pide «háblame más de eso». Por otro lado, si el paciente hace una declaración en contra del cambio —«Trabajo mucho todo el día y merezco relajarme por la noche con unos cuantos martinis»—, el terapeuta no discute, porque eso provocaría más declaraciones en contra del cambio al generarse un debate. En lugar de eso, se limita a cambiar de tema. Los pacientes no suelen darse cuenta de lo que ocurre, por lo que la técnica burla sus defensas conscientes y ellos pasan la mayor parte de la hora de terapia haciendo declaraciones a favor del cambio.

TERAPIA COGNITIVO-CONDUCTUAL: LA DOPAMINA DEL CONTROL FRENTE A LA DOPAMINA DEL DESEO

Es mejor ser inteligente que fuerte. En lugar de intentar atacar de frente una adicción a través de la fuerza de voluntad, la terapia cognitivo-conductual (TCC) utiliza la capacidad de planificación de la dopamina del control para vencer el poderío de la dopamina del deseo. Los toxicómanos que luchan para mantenerse limpios acaban derrotados con más frecuencia cuando no son capaces de resistir las ansias de consumo. Los terapeutas de TCC enseñan a sus pacientes que la necesidad imperiosa de consumir está desencadenada por diferentes señales: drogas, alcohol y cosas que el drogadicto o el alcohólico recuerda (personas, lugares y objetos). Las señales que de repente y de forma inesperada recuerda un drogadicto producen un error de predicción de recompensa, al igual que en el caso del toxicómano que sentía un deseo irrefrenable de heroína cuando veía una botella de lejía para la ropa. La dopamina del deseo aumenta, motivando al adicto a usarla y amenazando con detenerse por completo si no obtiene lo que quiere.

Los alcohólicos que reciben TCC aprenden diversas estrategias para hacer frente a las ansias provocadas por estímulos. Por ejemplo, pueden recurrir a un amigo abstemio para ir a eventos donde se sirve alcohol. También trabajan para eliminar el mayor número posible de estímulos. Se envía al paciente y a un amigo a una «misión de búsqueda y destrucción» para sacar de la casa del paciente todo lo que le recuerde al alcohol: copas de cóctel, cocteleras, petacas, aceitunas para el martini y cosas por el estilo. Todo lo que el bebedor relacione con el consumo de alcohol es un desencadenante y tiene que desaparecer porque, de lo contrario, podría ser el agente de las ansias de consumo que acaben con un periodo de sobriedad que ha costado mucho esfuerzo conseguir. Un paciente alcohólico elaboraba cerveza en su sótano. Se resistía a deshacerse de su adorado equipo porque era su afición y «no tenía nada que ver con beber», dijo. La dopamina del deseo ganó la batalla hasta que al final él se rindió y tiró todo a la basura. Ahora está sobrio.

🐝 ADICCIÓN: 🐝
ES PEOR DE LO QUE CREES

Las adicciones son difíciles de tratar, mucho más que cualquier otra enfermedad psiquiátrica. Con otras enfermedades, como la depresión, los pacientes quieren ponerse bien, sobre esto no hay ninguna duda. Pero si una persona es adicta a una droga, no está tan segura. Puede compartir el sentimiento que expresó san Agustín cuando tuvo un romance con una joven. Rezó: «Señor, dame castidad, pero no ahora».

Debido a que es muy difícil superarlas, médicos y pacientes suelen describir las sustancias adictivas (alcohol, drogas...) como el enemigo. Es un enemigo al que respetamos porque no solo es poderoso, sino también listo.

Un «truco» es el uso de desencadenantes inesperados que conducen a las ansias de consumo: fotos con amigos en una fiesta en el aparcamiento antes de un partido, un vaso preferido, un abridor, incluso un cuchillo de cocina usado para cortar limones. Estos desencadenantes pueden ser tan sutiles que la persona tal vez no los reconozca hasta que cae en la tentación.

Pero deshacerse de estos desencadenantes no basta. Los científicos han descubierto hace poco una táctica totalmente inesperada y un tanto aterradora de la que dispone el enemigo. Pensemos en un alcohólico que, sin motivo aparente, decide un día cambiar su rutina y va por una ruta distinta del trabajo a casa. Pasa por un bar al que solía ir y las ganas de consumo lo superan. Cuando habla de su recaída en la siguiente sesión de terapia, no tiene ni idea de cómo pasó. No relaciona la aparentemente inocente decisión de cambiar su rutina con la recaída.

Pero esta recaída no era una coincidencia. Los científicos descubrieron no hace mucho que ser alcohólico cambia la manera en que actúan determinados segmentos de ADN, segmentos que son fundamentales para el funcionamiento normal de los circuitos del control de la dopamina en los lóbulos frontales. Se inhibe una enzima clave que dificulta la capacidad de las neuronas para transmitir señales. Es como un pirata informático eliminando los canales de comunicación del enemigo en medio de una batalla. Por consiguiente, aunque el alcohólico tal vez no quiera pasar por su antiguo lugar favorito, el enemigo ha alterado su facultad para apreciar las consecuencias de su decisión de ir por una ruta nueva a su casa.

Las investigaciones que revelaron cambios peligrosos en el ADN se hicieron en ratas, así que no estamos seguros del todo de si ocurre lo mismo en los seres humanos, pero los resultados fueron sorprendentes. Las ratas con un ADN modificado para la adicción bebían más alcohol, y lo siguieron haciendo incluso cuando al alcohol se añadió quinina, que tiene un sabor más amargo que las ratas suelen evitar. Estos resultados sugerían que la modificación en el ADN hace que los bebedores consuman alcohol a pesar de sus desagradables consecuencias.

Los alcohólicos pueden superar su adicción, pero la alteración de la capacidad de la dopamina del control para oponerse a los impulsos de la dopamina del deseo complica las cosas. El alcohol no solo crea un deseo constante; también dificulta centrarse en el futuro, algo necesario para estar en vías de recuperación. La buena noticia es que hoy sabemos que esta arma existe, y, si podemos encontrar un modo para invertir los cambios en el ADN, podemos neutralizarla.

TERAPIA DE FACILITACIÓN DE DOCE PASOS: LOS NEUROTRANSMISORES DEL AQUÍ Y AHORA FRENTE A LA DOPAMINA DEL DESEO

Alcohólicos Anónimos (AA) es la asociación de autoayuda de mayor éxito en el mundo, pero no vale para todos. Requiere que las personas acepten la etiqueta de ALCOHÓLICO, algo que no gusta a muchas de ellas. Se basa en la creencia en una fuerza superior, algo que muchos no tienen. Y requiere compartir historias personales en un grupo, algo con lo que algunos se sienten incómodos. Pero quienes se adaptan bien pueden beneficiarse del acceso a un valioso recurso.

Superar una adicción es una lucha prolongada, a veces incluso de por vida. Teniendo esto presente, AA cuenta con algunas ventajas importantes con respecto a los programas de rehabilitación. AA no pone límites al tiempo que puede participar una persona. AA es gratuito y está disponible en todo el mundo, y en las grandes ciudades hay grupos repartidos por diferentes barrios que se reúnen día y noche.

AA es más una asociación que un tratamiento. La persona mejora a través de las relaciones que establece con otros miembros del grupo y con una fuerza superior. Mediante el uso de neurotransmisores del aquí y ahora, la parte social de nuestro cerebro crea conexiones con otras personas. Pocas cosas hay en este mundo tan poderosas como las relaciones. Según Alexa, una empresa de análisis de internet, Facebook es el segundo sitio web más visitado (Google es el primero, mientras que Pornhub, el sitio web pornográfico más visitado, se sitúa en el número 67, lo que debe darnos esperanzas respecto a la capacidad de la humanidad para resistir a las partes menos saludables de la dopamina del deseo).

Los participantes en AA dan voluntariamente sus números de teléfono para que los alcohólicos en apuros tengan gente a la que llamar si necesitan ayuda o ánimos. Si un miembro de AA da un paso en falso y recae, nadie lo condena, pero es inevitable que sienta que ha defraudado al resto. La sensación de culpa del aquí y ahora es un factor de motivación potente (como bien sabe tu madre). La combinación de apoyo emocional y la amenaza de la culpa ayuda a muchos alcohólicos a mantenerse sobrios durante mucho tiempo.

Un ejemplo más drástico de la actividad de los neurotransmisores del aquí y ahora que inhiben la adicción impulsada por la dopamina es observar que, cuando las fumadoras se quedan embarazadas, el ritmo al que dejan de fumar se dispara. La doctora Suena Massey, del Instituto de Investigación de la Salud de la Mujer de la Universidad Northwestern, que ha estudiado en profundidad este cambio rápido, señala que los pasos habituales por los que una fumadora pasa para dejar el tabaco se omiten por completo. El nivel de empatía de los neurotransmisores del aquí y ahora con el feto en desarrollo es tan alto que muchas fumadoras saltan directamente a la línea de meta y dejan de fumar sin ningún esfuerzo consciente. Una vez que se desarma la racionalización dopaminérgica del «solo me hago daño a mí misma», se abre la puerta a un reajuste rápido del equilibrio entre los neurotransmisores del aquí y ahora y la dopamina.

El sistema dopaminérgico en su conjunto evolucionó para aprovechar al máximo los recursos futuros. Además del deseo y la motivación, que hace que nos pongamos manos a la obra, también poseemos un circuito más sofisticado que nos capacita para pensar a largo plazo, hacer planes y usar conceptos abstractos como las matemáticas, la razón o la lógica. Una mirada a largo plazo nos da asimismo la tenacidad necesaria para superar dificultades y conseguir cosas que precisan mucho tiempo, como recibir una educación o ir a la Luna. También nos capacita para domar los impulsos hedonistas del circuito del deseo, inhibiendo la recompensa inmediata para lograr un objetivo mejor. El circuito del control inhibe la emoción del aquí y ahora y nos permite pensar de manera fría y racional, que es lo que suele requerirse cuando se han de tomar decisiones difíciles, como sacrificar el bienestar de una persona en beneficio de otras.

El circuito del control puede ser astuto. Unas veces ataca directamente y domina una situación por medio del poder de la confianza. En otras ocasiones, lleva a conductas sumisas que inducen a los demás a colaborar con nosotros, lo que multiplica nuestra facultad para hacer las cosas y alcanzar nuestros objetivos.

La dopamina no solo produce deseo, sino también dominio. Nos habilita para someter el medio e incluso a otras personas a nuestra voluntad. Pero la dopamina puede hacer más que proporcionarnos dominio sobre el mundo: puede crear mundos totalmente nuevos, mundos que pueden ser tan asombrosos que solo podrían haber sido creados por un genio... o un loco.

Lecturas complementarias

Barbier, E., Tapocik, J. D., Juergens, N., Pitcairn, C., Borich, A., Schank, J. R., Vendruscolo, L. F. *et al.* (2015), «DNA methylation in the medial prefrontal cortex regulates alcohol-induced behavior and plasticity», *The Journal of Neuroscience*, 35(15), 6153-6164.

Baumeister, R. F., Bratslavsky, E., Muraven, M. y Tice, D. M. (1998), «Ego depletion: Is the active self a limited resource?», *Journal of Personality and Social Psychology*, 74(5), 1252-1265.

Cortese, S., Moreira-Maia, C. R., St. Fleur, D., Morcillo-Peñalver, C., Rohde, L. A. y Faraone, S. V. (2015), «Association between ADHD and obesity: A systematic review and meta-analysis», *American Journal of Psychiatry*, 173(1), 34-43.

Goldschmidt, A. B., Hipwell, A. E., Stepp, S. D., McTigue, K. M. y Keenan, K. (2015), «Weight gain, executive functioning, and eating behaviors among girls», *Pediatrics*, 136(4), e856-e863.

Kadden, R., *Cognitive-behavioral coping skills therapy manual: A clinical research guide for therapists treating individuals with alcohol abuse and dependence* (n.º 94), Darby, PA, DIANE Publishing, 1995.

Laskas, J. M. (21 de diciembre de 2014), «Buzz Aldrin: The dark side of the moon», *GQ*. Obtenido en: <http://www.gq.com/story/buzz-aldrin>.

MacDonald, G., *La princesa ligera*, Flora Casas (trad.), Barcelona, Alfaguara, 1982.

MacInnes, J. J., Dickerson, K. C., Chen, N. K. y Adcock, R. A. (2016), «Cognitive neurostimulation: Learning to volitionally sustain ventral tegmental area activation», *Neuron*, 89(6), 1331-1342.

Macur, J. (1 de marzo de 2014), «End of the ride for Lance Armstrong», *The New York Times*. Obtenido en: <https://www.nytimes.com/2014/03/02/sports/cycling/end-of-the-ride-for-lance-armstrong.html>.

MASSEY, S. (22 de julio de 2016), «An affective neuroscience model of prenatal health behavior change» [vídeo]. Obtenido en: <https://youtu.be/tkng4mPh3PA>.

MCBEE, S. (26 de enero de 1968), «The end of the rainbow may be tragic: Scandal of the diet pills», *Life Magazine*, 22-29.

MILLER, D. R., *Motivational enhancement therapy manual: A clinical research guide for therapists treating individuals with alcohol abuse and dependence*, Darby, PA, DIANE Publishing, 2014.

NOWINSKI, J., BAKER, S. y CARROLL, K. M. (1992), *Twelve step facilitation therapy manual: A clinical research guide for therapists treating individuals with alcohol abuse and dependence* (Project MATCH Monograph Series, vol. 1), Rockville, MD, U.S. Dept. of Health and Human Services, Public Health Service, Alcohol, Drug Abuse, and Mental Health Administration, National Institute on Alcohol Abuse and Alcoholism.

O'NEAL, E. E., PLUMERT, J. M., MCCLURE, L. A. y SCHWEBEL, D. C. (2016), «The role of body mass index in child pedestrian injury risk», *Accident Analysis & Prevention*, 90, 29-35.

POWER, M. (29 de enero de 2014), «The drug revolution that no one can stop», *Matter*. Obtenido en: <https://medium.com/matter/the-drug-revolution-that-noone-can-stop-19f753fb15e0#.sr85czt5n>.

PREVIC, F. H. (1999), «Dopamine and the origins of human intelligence», *Brain and Cognition*, 41(3), 299-350.

PsychonautRyan (9 de marzo de 2013), «Amphetamine-induced narcissism» [hilo del foro], Bluelight.org. Obtenido en: <http://www.bluelight.org/vb/threads/689506-Amphetamine-Induced-Narcissism?s=e81c6e06edabbcf704296e266b7245e4>.

RASMUSSEN, N., *On speed: The many lives of amphetamine*, Nueva York, NYU Press, 2008.

SALAMONE, J. D., CORREA, M., FARRAR, A. y MINGOTE, S. M. (2007), «Effort-related functions of nucleus accumbens dopamine and associated forebrain circuits», *Psychopharmacology*, 191(3), 461-482.

SCHLEMMER, R. F. y DAVIS, J. M. (1981), «Evidence for dopamine mediation of submissive gestures in the stumptail macaque monkey», *Pharmacology, Biochemistry, and Behavior*, 14, 95-102.

SCHURR, A. y RITOV, I. (2016), «Winning a competition predicts dishonest behavior», *Proceedings of the National Academy of Sciences*, 113(7), 1754-1759.

TIEDENS, L. Z. y FRAGALE, A. R. (2003), «Power moves: Complementarity in dominant and submissive nonverbal behavior», *Journal of Personality and Social Psychology*, 84(3), 558-568.

TROLLOPE, A., *Phineas redux*, Londres, Chapman and Hall, 1874.

4

CREATIVIDAD Y LOCURA

Los riesgos y las recompensas de un cerebro muy dopaminérgico

En donde la dopamina rompe las barreras de lo común.

Los mismos pensamientos seguían recorriendo mi mente una y otra vez. Solo quería que pararan... Luego dije: ¿a quién voy a llamar? Entonces llamé a los cazafantasmas. Quiero decir, no, ha sonado mal. No llamé a los cazafantasmas, llamé a intervención en crisis... ¿Puedo volver adentro ahora? Creo que alguien podría estar intentando dispararme.
Extraído de una entrevista con un hombre con esquizofrenia

La mente creativa es la fuerza más poderosa del planeta. Ningún pozo de petróleo, ninguna mina de oro ni ninguna explotación agrícola de cuatrocientas hectáreas puede competir con las posibilidades enriquecedoras de una idea creativa. La creatividad es la máxima expresión del cerebro. Los trastornos mentales son lo contrario. Reflejan un cerebro que lucha por gestionar incluso las dificultades más habituales de la vida cotidiana. Tanto la locura como la genialidad, lo peor y lo mejor que el cerebro puede hacer, dependen de la dopamina. Debido a su conexión química básica, la locura y la genialidad están más estrechamente relacionadas entre sí que cualquiera de ellas con la forma normal en la que funciona el cerebro. ¿De dónde proviene esta conexión y qué nos dice acerca de la naturaleza esencial de ambas? Empecemos con la locura.

ROMPER CON LA REALIDAD

Los padres de William tuvieron que intervenir porque él se negaba a aceptar que tuviera un trastorno mental. Su madre y su padre eran escritores consagrados que habían viajado por todo el mundo visitando zonas de guerra para recopilar material para sus libros. William también había dado muestras de una inteligencia superior, a pesar de que era inestable. Durante su último curso de instituto, sus padres le prometieron comprarle un coche si sacaba buenas notas, y obtuvo una nota media de 3,7.*

* El valor máximo del promedio de las puntuaciones numéricas en el sistema de calificaciones de Estados Unidos (GPA) es de 4. (*N. de la t.*)

Las cosas cambiaron drásticamente en cuanto se fue a la universidad. Ideas extrañas invadieron su mente. Había trabado amistad con una joven y creyó equivocadamente que ella tenía un interés sentimental en él. Cuando ella negó tales sentimientos, él llegó a la conclusión de que estaba infectada por el VIH e intentaba protegerlo de la infección. Esta idea enseguida se extendió a otras personas. Él se convenció de que más de una decena de conocidos estaban infectados por el VIH y que todos contaban con él para ir a África a encontrar un tratamiento. Descubrió esto porque las voces de su abuela fallecida y de Dios le explicaban cosas.

Cuando sus amigos le sugirieron que fuera a ver a un profesional de salud mental, William pensó que sus padres los estaban sobornando para que dijeran eso. Era parte de una conspiración, pensó, hacerle creer que estaba enfermo. Decidió que sus padres eran unos impostores y se marchó del país para buscar a sus verdaderos padres.

No estuvo demasiado tiempo fuera, pero cuando volvió a casa acusó a sus padres de controlarlo con dispositivos de escucha ocultos. Viajó a Nueva York para huir del abrumador estrés que le provocaba su persecución imaginaria. La llamó «maltrato ambiental». Todo se estaba volviendo demasiado intenso y necesitaba una pausa. Quería ir a algún sitio donde nadie pudiera seguirlo.

Cuando regresó a casa después de pagar a un taxista seiscientos dólares por el trayecto, sus padres se plantaron. Le dijeron que no podía vivir en esa casa a menos que fuera a ver a un especialista en salud mental. William, que se estaba enfrentando a la posibilidad de quedarse sin casa, accedió. Bajo la supervisión de un psiquiatra, empezó a tomar medicación antipsicótica. Su trastorno mejoró, y decidió matricularse en un instituto de enseñanza superior, donde estudió diseño gráfico. Su proceso de recuperación se estaba iniciando y el plan era demasiado ambicioso, por lo que pocos meses después dejó los estudios.

Con el tiempo, la medicación mejoró sus síntomas poco a poco, pero para sus padres suponía un reto convencerlo de que la tomara con regularidad. Él seguía dudando de que tuviera una enfermedad psiquiátrica. Su médico le cambió la medicación de modo que no tuviera que tomar pastillas todos los días. Tan solo tenía que ir una vez al mes para ponerse una inyección, lo que le permitió seguir un tratamiento ininterrumpido. De esta forma, mejoró hasta el punto de poder trabajar a tiempo completo como cocinero y vivir solo en su propio apartamento.

La esquizofrenia[1] es una forma de psicosis caracterizada por la presencia de alucinaciones y delirios. Las alucinaciones pueden hacer que una persona vea cosas que en realidad no están ahí, sentir su tacto e incluso olerlas. El tipo más habitual de alucinación es la auditiva, oír voces. Las voces pueden hablar de la conducta de la persona («Ahora estás comiendo»). Puede haber también más de una voz

1. La «locura» no es un diagnóstico psiquiátrico. Aquí empleamos el término como se usa coloquialmente, con el significado de trastorno mental grave, incluyendo delirios y pensamientos caóticos o trastornados. El término científico para referirse a lo que popularmente se entiende por «locura» es *esquizofrenia*.

en la conversación sobre la persona («¿Te has dado cuenta de que todos lo odian?», «Es porque no se ducha»). A veces son alucinaciones de mandato («¡Suicídate!»). De vez en cuando, las voces son amistosas y alentadoras («Eres un tipo estupendo. Sigue así»). Las alucinaciones amistosas son las menos propensas a desaparecer, lo cual quizá sea lo mejor. En general, influyen positivamente.

Otro componente de la psicosis son los delirios. Son creencias fijas que se contradicen con la visión de la realidad aceptada generalmente, como «los extraterrestres me han implantado un chip en el cerebro». Los delirios se producen con una certeza absoluta, un nivel de certeza que rara vez se experimenta con ideas no delirantes. Por ejemplo, la mayoría de las personas están seguras de que sus padres son de verdad sus padres, pero, si se les pregunta si tienen una certeza absoluta, confesarán que no. En cambio, cuando se le preguntó a un paciente esquizofrénico si estaba seguro de que el FBI estaba usando ondas de radio para meterle mensajes en la cabeza, dijo que no cabía ninguna duda. Ninguna prueba podía convencerlo de lo contrario.

Un buen ejemplo de este fenómeno es el de John Nash, un matemático ganador del Premio Nobel que tuvo esquizofrenia. Sylvia Nasar, autora de la biografía de Nash *Una mente prodigiosa*, recogió el siguiente diálogo entre el matemático y el profesor George Mackey de Harvard:

—¿Cómo es posible? —empezó a decir Mackey—, ¿cómo es posible que usted, un matemático, un hombre consagrado a la razón y a la demostración lógica..., cómo es posible que haya creído que los extraterrestres le estaban enviando mensajes? ¿Cómo puede haber creído que los alienígenas lo habían reclutado para salvar el mundo? ¿Cómo es posible...?

Nash levantó por fin la vista y contempló a Mackey fijamente, sin pestañear y con una mirada tan fría e inexpresiva como la de un pájaro o una serpiente. Luego, como si hablara para sí mismo, en tono razonable y con su cadencia sureña lenta y suave, dijo:

—Porque las ideas que concebí sobre seres sobrenaturales acudieron a mí del mismo modo en que lo hicieron mis ideas matemáticas.

¿De dónde, de hecho, proceden estas ideas? Una pista nos la da lo que sabemos sobre cómo tratar la esquizofrenia. Los psiquiatras recetan medicamentos llamados antipsicóticos que reducen la actividad en el circuito del deseo de la dopamina. A primera vista, parece extraño. La estimulación del circuito del deseo suele llevar a la emoción, el deseo, el entusiasmo y la motivación. ¿Cómo puede un exceso de estimulación causar psicosis? La respuesta está en el concepto de prominencia, un fenómeno que desempeña asimismo un papel fundamental para comprender las raíces de la creatividad.

LA PROMINENCIA Y LA CONEXIÓN CON LA DOPAMINA

La prominencia alude al grado en que las cosas son importantes, notorias o manifiestas. Un tipo de prominencia es la cualidad de ser atípico. Por ejemplo, un payaso caminando por la calle destacaría más —estaría más fuera de lugar— que un hombre trajeado. Otro tipo de prominencia es el valor. Un maletín con diez mil dólares en su interior destaca más que una cartera con veinte dólares. Cosas distintas son prominentes para personas distintas. Un tarro de mantequilla de cacahuete es más importante para un niño con alergia al cacahuete que para uno que no es alérgico. También lo sería para una niña a la que le encantan los sándwiches de mantequilla de cacahuete que para otra que prefiere una ensalada de atún.

Pensemos en lo prominentes que son las siguientes cosas: un supermercado que has visto cientos de veces antes frente a otro que abrió ayer; la cara de un desconocido frente a la de la persona que amas en secreto; y un policía mientras caminas por la calle frente a un policía después de que hayas girado a la izquierda cuando está prohibido hacerlo. Las cosas son prominentes cuando son importantes para ti, cuando pueden afectar a tu bienestar, para bien o para mal. Las cosas son prominentes si pueden afectar a tu futuro. Las cosas son prominentes si pueden desencadenar la dopamina del deseo. Transmiten el siguiente mensaje: «Despierta. Presta atención. Emociónate. Esto es importante». Estás sentado en una parada de autobús echando un vistazo a un artículo del periódico sobre un acuerdo comercial de Canadá. A menos que la soporífera información sobre la negociación te llame la atención de algún modo, tu circuito del deseo dopaminérgico está en reposo. Entonces, de repente, ves el nombre de una de tus compañeras de clase del instituto. Ha participado en la negociación del acuerdo. ¡Bingo! Prominencia. Dopamina. A medida que sigues leyendo y aumenta tu interés, de golpe aparece tu nombre. Puedes imaginar cómo esto afectaría a tu dopamina.

Un cortocircuito psicótico

¿Qué pasa, sin embargo, si la función de prominencia del cerebro falla, si se desconecta incluso cuando no sucede nada verdaderamente importante para ti? Imagina que estás viendo las noticias. El presentador está hablando de un programa de espionaje del Gobierno y, de pronto, sin motivo alguno, se activa tu circuito de la prominencia. Podrías pensar entonces que esta historia de las noticias tiene algo que ver contigo. Demasiada prominencia, o ninguna en absoluto en el momento equivocado, puede crear delirios. El detonante pasa de la nada a cobrar importancia.

Un delirio común entre personas con esquizofrenia es que la gente de la televisión les habla directamente a ellos. Otro es que son el blanco de una investigación de la Agencia de Seguridad Nacional, el FBI, el KGB o el Servicio Secreto. Un paciente dijo que vio una señal de STOP y pensó que era un mensaje de su madre que le decía que dejara de mirar a las mujeres. Otra paciente vio un coche rojo aparcado delante de su piso el Día de San Valentín y creyó que era un mensaje de amor de su psiquiatra. Incluso quienes nunca han sido psicóticos podrían aprender a asociar la prominencia con cosas que para otros no son importantes, como los gatos negros o el número trece.[2]

---

2. ¿Es la superstición una forma muy leve de delirio o es una elección? Los estudios indican que en las personas supersticiosas

Hay una gran variabilidad en la prominencia que distintas personas atribuyen a cosas diferentes. No obstante, todo el mundo tiene un límite inferior. Algunas cosas las debemos considerar de baja prominencia o poco importantes para así poder ignorarlas, pues nos abrumaría ver todos los pormenores del mundo que nos rodea.

BLOQUEAR LA DOPAMINA PARA TRATAR LA PSICOSIS

Las personas con esquizofrenia controlan su actividad dopaminérgica tomando medicamentos que bloquean los receptores de dopamina (figura 4). Los receptores son moléculas que se encuentran fuera de las células cerebrales y captan moléculas de neurotransmisores (como la dopamina, la serotonina o las endorfinas). Las células cerebrales tienen receptores distintos para neurotransmisores distintos, y cada uno afecta a la célula de forma diferente. Algunos receptores estimulan las células cerebrales y otros las llevan a un estado de tranquilidad. El cerebro procesa la información cambiando el comportamiento de las células. Es parecido a la activación y desactivación de un transistor en un chip.

---

predominan rasgos dopaminérgicos, por lo que es probable que en algunas personas haya una tendencia genética que las lleva a adoptar creencias supersticiosas.

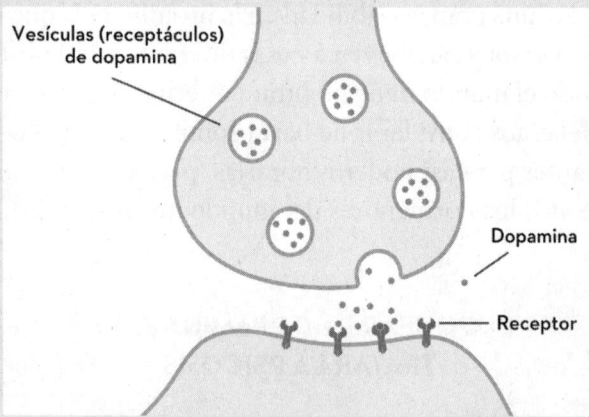

Figura 4

Si algo bloquea un receptor, como un antipsicótico, entonces el neurotransmisor (en este caso, la dopamina) no puede llegar a él y no puede transmitir su señal. Es como poner un trozo de cinta adhesiva en el ojo de una cerradura. El bloqueo de la dopamina, por lo general, no hace desaparecer todos los síntomas de la esquizofrenia, pero puede acabar con los delirios y las alucinaciones. Por desgracia, los antipsicóticos bloquean la dopamina en todo el cerebro, y bloquear el circuito del control en los lóbulos frontales puede hacer que empeoren algunos aspectos de la enfermedad, como la dificultad para prestar atención y razonar con conceptos abstractos.

Los médicos intentan aprovechar al máximo las ventajas y reducir al mínimo los daños ajustando la dosis. Quieren inhibir la actividad dopaminérgica excesiva en el circuito de la prominencia sin inhibir demasiado el circuito del control, que es el responsable de la planificación a largo plazo. El objetivo es dar la medicación suficiente para bloquear del 60 al 80% de los receptores dopaminérgicos. Además, cuando se produce un pico de dopamina, lo que indica algo importante en el entorno, sería estupendo que las moléculas antipsicóticas se quitaran de en medio, tan solo un momento, para dejar que pasara la señal. Si estás jugando a un videojuego, tratando de derrotar al jefe, o solicitas un nuevo empleo, estaría bien sentir algo de emoción para crear la motivación que hace que las cosas avancen.

Los antipsicóticos más antiguos no son demasiado eficaces en este sentido. Se unen con fuerza al receptor. Si pasa algo interesante y la dopamina alcanza un pico, mala suerte. El fármaco se ha aferrado con tanta fuerza que la dopamina no puede pasar, y eso no sienta bien. Verse privado de los picos naturales de dopamina hacen del mundo un lugar aburrido y dificulta encontrar motivos para levantarse de la cama por las mañanas. Los fármacos más modernos se unen de manera más laxa. Un pico de dopamina elimina el fármaco de los receptores, y la sensación de «esto es interesante» logrará pasar.

Beber de una manguera de incendios

En la esquizofrenia, el cerebro provoca un cortocircuito, y asocia la prominencia a cosas normales que deberían verse como habituales y, por lo tanto, ser ignoradas. Otra forma de denominar esto es inhibición latente baja. En general, *latente* se usa para describir cosas que están ocultas, como «un talento latente para la música» o «una demanda latente de coches voladores». La forma en que se usa en la expresión «inhibición latente» es en cierto modo distinta. No es que una cosa esté ya oculta, sino que la ocultamos porque para nosotros no tiene importancia.

Inhibimos nuestra facultad de percibir las cosas que no son importantes para no tener que malgastar nuestra atención en ellas. Si nos distraemos con lo limpias que están las ventanas cuando vamos por la calle, podemos pasar por alto el semáforo en rojo que hay en el cruce. Si damos la misma importancia al color de la corbata de una persona que a la expresión de su rostro, tal vez no logremos observar algo muy importante para nuestro bienestar futuro. Si vives cerca de un parque de bomberos, incluso el sonido de las sirenas se inhibirá en cuanto los circuitos dopaminérgicos se den cuenta de que nunca pasa nada cuando empieza a oírse. Alguien que fuera de visita a tu casa podría decir: «¿Qué es ese sonido?». Y tú responderías: «¿Qué sonido?».

A veces nuestro medio está tan enriquecido con cosas nuevas que la inhibición latente es incapaz de escoger lo que es más importante. Esta experiencia puede ser estimulante o aterradora en función de la situación y de la persona que la esté viviendo. Si estás en un país exótico, no hay mucho que inhibir y la experiencia te puede causar un gran placer, aunque también confusión y desorientación, es decir, un choque cultural. Adam Hochschild, escritor y periodista, lo describió de este modo: «Cuando estoy en un país radicalmente distinto del mío, presto mucha más atención. Es como si hubiera tomado un medicamento que me alterara la mente y me permitiera ver cosas que normalmente se me escaparían. Me siento mucho más vivo». A medida que el nuevo medio se vuelve familiar, nos adaptamos y con el tiempo lo dominamos. Diferenciamos las cosas que nos afectarán y las que no, y la inhibición latente vuelve, haciendo que nos sintamos cómodos y seguros en nuestro nuevo entorno. Una vez más, podemos separar lo esencial de lo no esencial.

Pero ¿qué pasa si el cerebro no puede adaptarse? ¿Qué pasa si los lugares más conocidos parecen un medio ajeno? Este problema no se limita a la esquizofrenia. Un grupo de personas con este trastorno crearon un sitio web llamado Low Latent Inhibition Resource and Discovery Centre. Describen así la sensación:

> Con una inhibición latente baja, una persona puede tratar los estímulos conocidos casi del mismo modo en que lo haría si fueran nuevos. Piensa en los detalles que percibes cuando ves algo nuevo por primera vez y cómo te llaman la atención. A partir de ahí, pueden surgir en tu mente todo tipo de preguntas. «Qué es eso, qué hace, por qué está ahí, qué significa, cómo se puede utilizar», y así sucesivamente.

Una visitante del sitio web describió su experiencia en un comentario:

> ¡Estoy perdiendo la cabeza! Hay demasiada información en mi cabeza y duermo muy poco. ¡No soporto ver nada más! ¡Estoy cansada de ser una espectadora! ¡Estoy cansada de ver todo!... Quiero adentrarme en las profundidades del bosque y no ver nada, no leer nada, dejar toda la tecnología, no mirar nada, no oír nada. No quiero líos, nada se ha movido, nada ha cambiado. Quiero dormir sin sueños que me den respuestas a los problemas que me ponen a trabajar en cuanto me levanto. ¡Estoy cansada y no quiero pensar más!

Vemos formas más leves de inhibición latente baja en las artes creativas. He aquí un simple ejemplo del clásico infantil *El rincón de Puh*. Winny de Puh, que es poeta, recita algún verso a su amiguito Porquete acerca de Tigle, un escandaloso recién llegado al Bosque de los Cien Acres. Porquete es un animal tímido y señala lo grande que es Tigle. Puh piensa en lo que ha dicho Porquete y añade una estrofa final a su poema.

> *Mas por muchos chelines que pudiera pesar,*
> *siempre parece grande, pues brinca sin parar.*

—Y este es todo el poema —dijo—. ¿Te gusta, Porquete?

—Todo excepto los chelines —dijo Porquete—. No creo que vayan bien ahí.

—Querían colocarse después de muchos —explicó

Puh—, así que les dejé hacerlo. Es la mejor manera de escribir poesía, dejar que las cosas se coloquen.*

Puede haber un caos en el interior de nuestra mente que requiera ser controlado por las partes más lógicas del cerebro, pero también hay tesoros. Tanto si piensas como si no que esos «chelines» mejoran el poema de Puh, una de las reglas fundamentales de la escritura creativa es desactivar la autocensura cuando se crea el primer borrador. Si tienes suerte, las cosas saldrán a borbotones de tu inconsciente y resonarán en el inconsciente de tus lectores, y tu historia llegará a lo más hondo.

He aquí una cita de un paciente esquizofrénico que ilustra una tendencia más patológica a «dejar que las cosas salgan».

Me pusieron los pinchos transmisores esos, así los llaman. Es cuando te pillan desprevenido y te meten unas agujas en la cabeza y escuchan lo que piensas durante años y años, a veces sin que uno lo sepa. Yo no lo sabía. Tienen este equipo realmente fantástico y caro. Me dijeron: oye, podemos examinarte la cabeza por, bueno, si aparece un chichón amoratado, y la electricidad es un poco distinta en la parte superior del cuero cabelludo, te garantizaremos la seguridad social para esa herida o aunque no la tengas. Es como la parálisis cerebral.

* A. A. Milne, *El rincón de Puh*, en *Historias de Winny de Puh*, traducción de Juan Ramón Azaola, Madrid, Valdemar, 2000, pp. 205-206. *(N. de la t.)*

En esta situación, el hablante no puede ocultar nada. A medida que los pensamientos le vienen a la cabeza, se traducen de inmediato en palabras con escaso procesamiento. Normalmente, elegimos lo que decimos. Lo hacemos para censurar los discursos inaceptables o ilógicos, pero también para acabar un pensamiento antes de que empiece el siguiente. Una lectura atenta de la cita permite hacerse una idea general de lo que está diciendo el hablante, pero no es fácil.

Con un pensamiento reemplazando a otro, y una capacidad limitada para ocultarlos, la expresión se vuelve muy desorganizada. Una manera menos grave de esta forma de pasar de una cosa a otra se denomina tangencialidad, por la que el hablante salta de un pensamiento a otro, pero en un modo que tiene sentido. Por ejemplo: «No veo la hora de ir al Ocean City. Allí tienen las mejores margaritas. Tengo que buscar un sitio donde reparar mi coche esta tarde. ¿Dónde vas a comer?». Solemos hablar así cuando estamos emocionados. La dopamina del deseo se embala y supera a la dopamina del control, cuyo enfoque comunicativo es más lógico.

En el otro extremo de este espectro está la incoherencia, la manifestación más grave del discurso descontrolado. En este caso, hay tanta desorganización que el habla parece no tener sentido en absoluto. Por ejemplo:

—¿Qué tal estás esta mañana?

—Lápices del hospital y tinta del periódico cuidados intensivos madre casi allí.

Están vendiendo postales del ahorcamiento,
están pintando de marrón los pasaportes,
el salón de belleza está lleno de marineros,
el circo ha llegado a la ciudad.

BOB DYLAN, *Desolation Row*

Al igual que quienes padecen trastornos mentales, las personas creativas, como los artistas, los poetas, los científicos y los matemáticos, darán a veces rienda suelta a sus pensamientos. El pensamiento creativo requiere que las personas dejen de lado las interpretaciones convencionales del mundo para ver las cosas de una nueva manera. Dicho de otro modo, deben romper sus modelos de realidad preconcebidos. Pero ¿qué es un modelo y por qué los creamos?

UN MUNDO MÁS ALLÁ DE LOS SENTIDOS

Las cosas materiales, los objetos en el espacio peripersonal del aquí y ahora, se pueden experimentar con los cinco sentidos. A medida que un objeto se aleja de nosotros, desde el aquí y ahora peripersonal hasta la dopamina extrapersonal, nuestra capacidad para percibirlo va perdiendo cada modalidad sensorial de una en una. Primero desaparece el sabor, después el tacto. Si el objeto se sigue alejando más, perdemos la facultad de olerlo, oírlo y, por último, verlo. Ahí es cuando las cosas se ponen interesantes. ¿Cómo percibimos algo tan alejado que ni siquiera podemos verlo? Usamos nuestra imaginación.

Los modelos son representaciones imaginarias del mundo que creamos para entenderlo mejor. En cierto modo, crear modelos es como la inhibición latente. Los modelos contienen solo los elementos del medio que su creador considera esenciales. El resto de los detalles se descartan. Esto hace que sea más fácil comprender el mundo y, después, imaginar varias formas en las que podría manipularse para obtener el máximo beneficio. Crear modelos no es algo de lo que seamos conscientes. El cerebro crea modelos de manera automática mientras transcurre el día y los actualiza a medida que aprendemos cosas nuevas.

Los modelos no solo simplifican nuestra concepción del mundo; también nos permiten abstraer, es decir, tener experiencias concretas y usarlas para elaborar unas reglas generales. A partir de esto, podemos predecir situaciones —y lidiar con ellas— que no habíamos visto antes. Tal vez yo no haya visto jamás un Ferrari, pero, en cuanto lo veo, sé que sirve para conducir. No tengo que examinarlo ni repasar todas las cosas distintas que podría hacer con él. Sería agobiante si tuviera que hacerlo con cada coche nuevo que veo. Basándome en mi experiencia con coches reales, creé un modelo de coche abstracto. Si un coche que no he visto antes se ajusta a la descripción general de mi concepción abstracta, enseguida puedo clasificarlo y saber que sirve para conducir.

Reconocer un coche puede parecer una banalidad, pero crear modelos también nos ayuda con las abstracciones más cósmicas. Ver cómo se movían los objetos reales llevó a Newton a desarrollar su ley abstracta de la gravitación universal, que no solo predice cómo se caen las manzanas de los árboles, sino también los movimientos de los planetas, las estrellas y las galaxias.

Viaje mental en el tiempo

Los modelos pueden ayudarnos cuando tenemos que elegir entre distintas opciones. Nos permiten repasar distintas situaciones hipotéticas en nuestra imaginación a fin de elegir la mejor. Por ejemplo, si tengo que ir desde Washington D. C. hasta Nueva York, puedo coger el tren o el autobús, o puedo ir en avión. Para decidir cuál será la forma más rápida, más cómoda o más conveniente, imagino cada opción y luego, en función de lo que sienta en mi interior, decido en el mundo real. Este proceso se llama viaje mental en el tiempo. Por medio de la imaginación, nos proyectamos en varios futuros posibles, los vivimos mentalmente; después decidimos cómo vamos a sacar el máximo partido de lo que vemos, cómo vamos a aprovechar al máximo nuestros recursos, ya sea un asiento espacioso, un billete barato o un trayecto rápido.

El viaje mental en el tiempo es un potente instrumento del sistema dopaminérgico. Nos permite experimentar un futuro posible, aunque no sea real en el presente, como si estuviésemos allí. El viaje mental en el tiempo depende de modelos, porque hacemos predicciones de situaciones que aún no hemos vivido. ¿Cómo cambiaría mi vida si comprara este lavavajillas nuevo? ¿A qué tipo de problemas se podría enfrentar un astronauta si viajara a Marte? ¿Qué pasaría si me saltara el semáforo en rojo?

El viaje mental en el tiempo se usa constantemente porque es el mecanismo para tomar todas y cada una de las decisiones conscientes en la vida. En el cerebro, cada decisión deliberada acerca del futuro es competencia del sistema dopaminérgico y de los modelos que ha creado, tanto si estás decidiendo qué pedir en el Burger King o si el presidente está considerando empezar una guerra. El viaje mental en el tiempo es el responsable de cada «siguiente paso» en nuestras vidas.

¿CÓMO ACABÉ CON UN MODELO TAN CUTRE Y CÓMO PUEDO ARREGLARLO?

Antes de que el psiquiatra conociera a su paciente, una estudiante universitaria de veinte años llamada May, su padre fue a ver al médico con el fin de prepararlo para su primera visita con ella. «Hasta ahora nunca nos había dado problemas —dijo—. Es una buena chica.» May había sido la estudiante perfecta. Fue la primera de su promoción en el instituto y había sido admitida en un prestigioso programa de estudios de una universidad cercana. Jamás se había metido en problemas de ningún tipo: ni drogas ni alcohol ni salir hasta tarde. Siempre había sido respetuosa con sus padres inmigrantes y había estado a la altura de todas las expectativas de sus progenitores. Ahora le estaban dando el alta en el hospital después de un intento de suicidio que la había llevado a la unidad de cuidados intensivos durante una semana.

Cuando May acudió a su primera visita, llegó media hora antes y esperó pacientemente en la sala de recepción hasta que le tocara el turno de ver al médico. Era esbelta, iba vestida como si fuera a una entrevista de trabajo. Hablaba en voz baja. A veces costaba oír lo que estaba diciendo. Era como si no creyera que las cosas que tenía que decir fueran lo suficientemente importantes como para hablar más alto.

May le dijo al médico que no se podía concentrar, no podía dormir y en ocasiones lloraba varias horas seguidas. Había dejado de ir a clase y se pasaba el día en su habitación con las persianas bajadas. Era evidente que no era capaz de rendir en el ambiente de gran estrés de la carrera intensiva en la que se había matriculado, y había solicitado una pausa. Por encima de todo, se sentía culpable. Habiendo sido siempre la hija perfecta, ahora creía que era motivo de vergüenza para su familia.

Cuando la familia de May llegó a Estados Unidos, ella era una cría, pero aprendió rápidamente a hablar inglés y se hizo cargo del cuidado de toda su familia. Se aseguraba de que se pagaran las facturas de los suministros. Llamaba a un fontanero cuando se atascaba el fregadero. Y cuando sus padres se peleaban, ella era la árbitra. Creía que la felicidad y el éxito de su familia recaían en sus hombros. Tenía que ser una estudiante modelo. Tenía que estar delgada y vestir bien. No la dejaban rebelarse como a otros adolescentes. Siempre tenía que hacer lo que le habían dicho y no se le permitía discrepar.

Su médico esperaba que respondiera bien al tratamiento. Era colaboradora e inteligente. Pero daba igual lo que él hiciera; nada cambiaba. Su depresión no desaparecía. Cuando terminó su permiso de estudios, May los abandonó.

Pasó mucho tiempo antes de que May revelara su secreto. Era adicta a las anfetaminas. Era la única forma de que pudiera seguir con los estudios, mantener un peso que fuese aceptable para su madre y encargarse de todas las tareas relacionadas con las responsabilidades familiares que había asumido. Funcionó durante un tiempo, pero era un mecanismo de afrontamiento que estaba abocado al fracaso. También había problemas emocionales. Al haberse perdido la rebeldía normal de la adolescencia, en su interior rondaba una mezcla confusa de rabia y resentimiento, y no sabía qué hacer con esos sentimientos aterradores. En última instancia, el único tratamiento posible para ella era trasladarse a otra ciudad. Necesitaba poner kilómetros de distancia entre ella misma y su familia antes de poder empezar a descubrir quién era.

La medida en que nuestros modelos encajan en el mundo real es de vital importancia. Si nuestros modelos son deficientes, haremos malas predicciones de futuro y, posteriormente, malas elecciones. Las causas que generan modelos de realidad deficientes pueden ser muchas: no disponer de información suficiente, dificultades con el pensamiento abstracto o la obstinada persistencia de supuestos erróneos. Estos últimos pueden ser tan dañinos que lleven a enfermedades psiquiátricas como la ansiedad o la depresión. Por ejemplo, si una niña crece con unos padres criticones, puede desarrollar la convicción de que es una incompetente, y esta creencia determinará los modelos del mundo que ella cree durante toda su vida. Los terapeutas pueden abordar estos supuestos incorrectos y a menudo inconscientes por medio de la psicoterapia, que puede incluir psicoterapia orientada a la aceptación, en la que el paciente y el terapeuta trabajan para detectar los recuerdos reprimidos encerrados en los supuestos negativos. Otra técnica útil es la terapia cognitivo-conductual (TCC), que aborda directamente los supuestos y enseña al paciente estrategias prácticas para cambiarlos.

A medida que adquirimos experiencia en el mundo, desarrollamos modelos cada vez mejores, y esta es la base de la sabiduría. Adoptamos modelos que funcionan bien y nos deshacemos de los que no consiguen llevarnos adonde queremos ir. El conocimiento transmitido por las generaciones anteriores puede ayudarnos a mejorar nuestros modelos de forma diversa que la experiencia directa. Contamos con la sabiduría popular que nos dice que «más vale prevenir que curar», así como con los conocimientos heredados de los grandes científicos y filósofos.

Romper modelos: el inicio del camino de la creatividad

Si solo tienes un martillo, todo te parece un clavo.

Proverbio

Los modelos son instrumentos poderosos, pero tienen desventajas. Nos pueden dejar anclados en un determinado modo de pensar, haciendo que perdamos oportunidades para mejorar nuestro mundo. Así, por ejemplo, la mayoría de las personas saben que los ordenadores precisan instrucciones para funcionar. Los programadores escriben estas instrucciones en un teclado. Esto sugiere un modelo simple: escribir instrucciones en un teclado es la manera de hacer funcionar un ordenador. Los científicos de Xerox PARC tuvieron que liberarse de ese modelo antes de poder inventar el ratón y la interfaz gráfica de usuario. Es la dopamina la que crea modelos y es la dopamina la que los destruye. En ambos casos, hace que pensemos en las cosas que actualmente no existen pero que podrían hacerlo en el futuro.

La ruptura de los modelos puede verse en determinados tipos de acertijos denominados problemas de percepción. Hay que descartar los modelos preexistentes para abordar el problema con nuevos ojos. He aquí un ejemplo:

Estoy en años pero no en meses. Estoy en semanas pero no en minutos. ¿Qué soy?

Esta adivinanza es difícil, y, a menos que la hayas oído antes o tengas una inhibición latente baja, es poco probable que descubras que la respuesta es la letra A. La adivinanza te dirige a un modelo basado en el calendario y te lleva a inhibir una información en apariencia irrelevante, como las letras que componen las palabras.

Veamos otro ejemplo. ¿Qué palabra representa la secuencia «HIJKLMNO»? Un hombre que le dio vueltas a este acertijo tuvo una serie de sueños relacionados con el agua. No era capaz de establecer la conexión, pero esta resulta obvia cuando vemos la respuesta: H_2O (en inglés, H to [two] O). Veremos más en detalle el poder dopaminérgico de los sueños posteriormente en este capítulo.

Este es un acertijo que hace algunas décadas requirió romper modelos importantes para encontrar la solución. Hoy es mucho más fácil.

> Un padre y su hijo tienen un accidente de coche. El padre muere en el acto y el hijo es trasladado al hospital más cercano. La eminencia médica que deberá operarlo exclama al verlo: «No puedo operar a este chico. ¡Es mi hijo!». ¿Cómo es posible?

DESCUBRIR EL ORIGEN DE LA CREATIVIDAD...

Oshin Vartanian, investigador de la Universidad de York en Toronto, quería entender qué parte del cerebro era la más activa cuando la gente descubría nuevas soluciones a los problemas, así que examinó el cerebro de algunas personas mientras resolvían un problema que precisaba creatividad. Vio que, cuando hallaban la solución al problema, se activaba el lado derecho de la parte frontal del cerebro. Se preguntó si esta parte del cerebro estaba asimismo implicada en la ruptura de modelos.

En un segundo experimento, no pidió a los voluntarios que resolvieran un problema, sino que se limitaran a usar la imaginación. Primero les dijo que imaginaran cosas reales, como «una flor que es una rosa». Luego les pidió que imaginaran cosas que no existen, cosas que no se ajustan al modelo de realidad convencional, como «un ser vivo que es un helicóptero». Con los voluntarios en el escáner, vio que se iluminaba la misma parte del cerebro que antes, pero solo cuando los voluntarios pensaban en objetos que no existían en la vida. Cuando imaginaban la propia realidad, la zona permanecía oscura.

Las exploraciones cerebrales de personas con esquizofrenia muestran cambios en la misma región, la corteza prefrontal ventrolateral derecha. Tal vez se deba a que, cuando somos creativos, nos comportamos un poco como una persona con esquizofrenia. Dejamos de inhibir aspectos de la realidad que anteriormente habíamos ignorado por no considerarlos importantes y concedemos prominencia a cosas que en su momento pensamos que eran irrelevantes.

... Y DARLE VIDA

Hallar la base neuronal de la creatividad tiene un gran potencial, puesto que la creatividad es el recurso más valioso del mundo. Nuevas formas de cultivo alimentan a millones de personas. Desde las velas hasta las bombillas, las innovaciones para convertir el combustible en luz han reducido su coste mil veces. ¿Podría existir una manera de potenciar este tesoro inestimable? ¿Sería posible que alguien se volviera más creativo si un científico estimulara las partes del cerebro que están activas durante el pensamiento creativo?

Investigadores financiados por la Fundación Nacional de Ciencias de Estados Unidos decidieron intentarlo. Usaron una técnica denominada estimulación transcraneal por corriente continua (tDCS). Como sugiere el nombre, se estimulan zonas concretas del cerebro mediante corriente continua (CC); es el tipo de corriente que se obtiene de una pila, a diferencia de la corriente alterna (CA), que procede de un enchufe. La CC es más segura que la CA, y la cantidad de electricidad usada es pequeña. Algunos aparatos funcionan con una pila sencilla de nueve voltios, como la típica cuadrada que se pone en los detectores de humo. Las máquinas tDCS pueden ser muy sencillas. Aunque las máquinas comercializadas que se emplean en investigación valen más de mil dólares, algunos valientes se han construido máquinas muy primitivas usando piezas que han comprado en su tienda de electrónica local por quince dólares. (Consejo para el consumidor: no lo hagas.)

En estudios pequeños, se ha visto que estos aparatos aceleran el aprendizaje, potencian la concentración e incluso tratan la depresión clínica. Para intentar potenciar la creatividad, se pusieron electrodos en la frente de treinta y un voluntarios y se estimuló la parte del cerebro que está justo detrás de los ojos. La creatividad se midió evaluando la capacidad de los voluntarios para establecer analogías.

Las analogías representan una forma muy dopaminérgica de pensar acerca del mundo. Este es un ejemplo: la luz puede actuar a veces como balas disparadas con un arma y otras como ondas que se desplazan por un estanque. Una analogía extrae lo abstracto, la esencia invisible de un concepto, y lo hace coincidir con una esencia parecida de un concepto con el que en apariencia no guarda relación. Los sentidos corporales perciben dos cosas distintas, pero la razón entiende que son iguales. Emparejar una idea nueva con otra antigua conocida hace que la primera sea más fácil de entender.

La facultad para establecer una conexión entre dos cosas que antes parecían no tener ninguna relación es una parte importante de la creatividad, y aparentemente puede potenciarse mediante estimulación eléctrica. En comparación con los voluntarios a los que se les dio una falsa tDCS, aquellos que recibieron electricidad crearon más analogías atípicas, es decir, analogías entre cosas que parecían muy improbables entre sí. No obstante, estas analogías sumamente creativas eran tan precisas como aquellas más evidentes creadas por los voluntarios cuyos aparatos habían sido desconectados a escondidas.

Los fármacos dopaminérgicos pueden hacer lo mismo. A pesar de que algunos pacientes que toman medicamentos dopaminérgicos para la enfermedad de Parkinson desarrollan compulsiones tremendas, otros experimentan una mayor creatividad. Un paciente proveniente de una familia de poetas nunca había escrito nada creativo. Después de empezar a tomar fármacos que estimulan la dopamina para su enfermedad de Parkinson, escribió un poema que ganó el certamen anual de la Asociación Internacional de Poetas. Los pintores tratados con medicamentos para el párkinson suelen usar más colores vivos. Un paciente que creó un nuevo estilo después del tratamiento dijo: «El nuevo estilo es menos preciso pero más dinámico. Necesito expresarme más. Me dejo llevar». Al igual que Winny de Puh: «Es la mejor manera de escribir poesía, dejar que las cosas se coloquen».

Sueños: donde la creatividad y la locura se mezclan

Pocos de nosotros somos genios o locos, pero todos hemos vivido el punto medio de todo el proceso: los sueños. Los sueños son parecidos al pensamiento abstracto en el sentido de que funcionan con el material extraído del mundo exterior, pero lo organizan de maneras que no están restringidas por la realidad física. A menudo en los sueños aparece el tema del «arriba», como volar o caer desde gran altura. En muchas ocasiones los sueños tratan sobre temas futuros, a veces en forma de búsqueda de alguna meta deseada con intensidad que está siempre fuera de nuestro alcance. Los sueños, abstractos y separados del mundo real de los sentidos, son dopaminérgicos.

Freud denominó «proceso primario» a la actividad mental que tiene lugar en los sueños. Es desorganizado, ilógico, creado con independencia de las limitaciones de la realidad y motivado por deseos primitivos. El proceso primario también se ha usado para describir el proceso de pensamiento observado en personas con esquizofrenia. Como escribió el filósofo alemán Arthur Schopenhauer: «Los sueños son una breve locura y la locura, un largo sueño». Durante el sueño se da rienda suelta a la dopamina, que se libera de la influencia restrictiva de los neurotransmisores del aquí y ahora orientados a la realidad. La actividad en los circuitos del aquí y ahora se inhibe porque se impide que la información sensorial del mundo exterior entre en el cerebro. Esta libertad permite a los circuitos dopaminérgicos crear conexiones peculiares, que son el sello distintivo de los sueños. Lo trivial, lo desapercibido y lo extraño pueden elevarse hasta posiciones destacadas, aportándonos nuevas ideas que, de lo contrario, habría sido imposible descubrir.

Las similitudes entre los sueños y la psicosis han fascinado a muchos investigadores y han generado una nutrida literatura científica. Un grupo de la Universidad de Milán, en Italia, observó la presencia de pensamientos extraños en los sueños de personas sanas y los comparó con fantasías tanto en voluntarios sanos como en esquizofrénicos.

Los científicos estimularon las fantasías[3] mediante la prueba de apercepción temática (PAT), una serie de tarjetas con imágenes ambiguas y a veces con carga emocional de personas en distintas situaciones. Entre los temas estaban el éxito y el fracaso, la competitividad

---

3. En este contexto, *fantasía* hace más bien referencia en general a los productos de la imaginación y no tanto a ensoñaciones como la de poseer una riqueza infinita.

y los celos, la agresividad y la sexualidad. Se le pedía al voluntario que examinara la imagen y luego relatara una historia explicando la escena.

Los investigadores italianos compararon las historias de la PAT y las descripciones de los sueños de pacientes con esquizofrenia con las de los voluntarios sanos mediante el uso de una escala llamada índice de densidad de extravagancia. Los resultados de las pruebas confirmaron que los sueños se parecen mucho a la psicosis. El índice de densidad de extravagancia era prácticamente idéntico para las tres categorías de actividad mental: (1) las descripciones de los sueños de personas con esquizofrenia, (2) las historias de la PAT durante la vigilia de personas con esquizofrenia y (3) las descripciones de los sueños de personas sanas. Por otro lado, la cuarta categoría, historias de la PAT durante la vigilia de personas sanas, obtuvo un valor del índice mucho más bajo. Este estudio refuerza la idea de Schopenhauer de que vivir con esquizofrenia es como vivir en un sueño.

CÓMO CONSEGUIR CREATIVIDAD A PARTIR DE UN SUEÑO

Si soñar es parecido a la psicosis, ¿cómo volvemos a ser los de antes? ¿Ocurre de repente o se tarda un tiempo en restablecer los modelos de pensamiento lógico? Si lleva tiempo, ¿estamos un poco locos mientras se produce la transición? Esto es algo más que debemos tener en cuenta: a veces soñamos cuando estamos dormidos y otras, no. Mientras pasamos del sueño a la vigilia, ¿es

nuestro proceso de pensamiento diferente si nos desper-
tamos después de haber soñado o no?

Investigadores de la Universidad de Nueva York usaron la PAT para evaluar los tipos de historias que la gente creaba tras despertarse después de haber soñado y las
compararon con las historias de la PAT después de que
se despertaran sin haber soñado. Vieron que las fantasías
que tenían lugar inmediatamente después de soñar eran
más elaboradas. Eran más largas y contenían más ideas.
Las imágenes eran más vivas y el contenido, más extravagante. Este es un ejemplo de una historia relatada por
un voluntario sano después de despertarse de un sueño.
Se mostró al voluntario una imagen de un niño mirando
un violín.

> Está pensando en su violín. Da la impresión de estar tris-
> te. ¡Un momento! ¡Está sangrando por la boca! Y por los
> ojos... ¡Parece como si estuviera ciego!

A otro voluntario al que se despertó de un sueño se
le mostró una imagen de un joven acurrucado en el suelo y con la cabeza apoyada en un banco. Hay una pistola
en el suelo cerca de él. Esta es la respuesta:

> Hay un niño en una cama. Parece estar teniendo algún
> tipo de problema emocional. Está a punto de llorar, o qui-
> zá se esté riendo, tal vez jugando. Podría ser también una
> niña. Ambos están muertos. ¿O quizá sea un gato? Hay
> algo en el suelo..., llaves, una flor o tal vez un juguete, o
> un barco.

Después de despertarlo sin haber soñado, se le mostró a este mismo voluntario otra tarjeta, y escribió una descripción bastante menos extravagante en la que solo indicaba que era «un niño con una camiseta y sin calcetines. No veo mucho más».

Muchas personas se han despertado de un sueño sintiéndose como si las hubieran sorprendido entre dos mundos. Pensar es más fluido, se salta de un tema a otro, sin restricciones por las reglas de la lógica. De hecho, algunas personas indican que sus pensamientos más creativos los tienen en esta fisura entre los dos mundos. El filtro del aquí y ahora que centra nuestra atención en el mundo exterior de los sentidos aún no se ha reactivado; los circuitos dopaminérgicos siguen activándose sin encontrar resistencia, y las ideas fluyen libremente.

Friedrich August Kekulé se hizo famoso cuando descubrió la estructura de la molécula del benceno, una importante sustancia química industrial de la época. Los químicos habían establecido que la molécula estaba compuesta por seis átomos de carbono y seis de hidrógeno, lo que supuso toda una sorpresa. Por lo general, las moléculas de este tipo tienen más átomos de hidrógeno que de carbono. Era evidente que, independientemente de la estructura que adoptara la molécula, no era una habitual.

Los químicos intentaron colocar los átomos de carbono y de hidrógeno de todas las formas posibles sin que incumplieran las reglas de los enlaces químicos. Sabían que los átomos de carbono se podían encadenar como las cuentas de un collar, y que también podía haber ramificaciones laterales que salían en los ángulos correctos, pero ninguna de las estructuras que probaron era acorde con las propiedades conocidas de la molécula de benceno. La naturaleza de su forma auténtica seguía siendo un misterio. Kekulé describió el momento de percepción cuando se dio cuenta de cuál era la forma:

> Estaba sentado escribiendo mi [libro de texto de química], pero no avanzaba; tenía la cabeza en otra parte. Giré la silla hacia la chimenea y me quedé medio dormido. De nuevo, los átomos brincaron delante de mis ojos. Esta vez, los grupos más pequeños se quedaban ligeramente al fondo. Mi imaginación, entrenada por visiones parecidas, distinguía formaciones mayores de formas diversas. Hileras largas, unidas más densamente de varias maneras; todo en movimiento, enroscándose y girando como serpientes. Y mira, ¿qué era eso? Una serpiente agarrándose su propia cola, y burlonamente la forma giró ante mis ojos. Como si me hubiera alcanzado un rayo, me desperté.

La visión de la serpiente con su cola en la boca, el antiguo uróboro, llevó a la idea de que los seis átomos de carbono de la molécula del benceno formaban un anillo. Al igual que la serpiente con su cola en la boca, completa en sí misma, los sueños son representaciones internas de ideas internas. Separados de los sentidos, los sueños dejan que la dopamina circule libremente, sin restricciones, por los hechos concretos de la realidad exterior.

La doctora Deirdre Barrett, psicóloga e investigadora del sueño en la Facultad de Medicina de Harvard, señala que no debe sorprender que la respuesta al problema de Kekulé adoptara una forma visual. Gran parte del cerebro es tan activo durante el sueño como lo es durante la vigilia, si bien existen diferencias fundamentales. No en vano las partes del cerebro que filtran detalles en apariencia irrelevantes, los lóbulos frontales, están desconectados. Pero hay un aumento de actividad en una zona denominada corteza visual secundaria. Esta parte del cerebro no recibe señales directamente de los ojos, que no reciben ninguna información durante el sueño. En cambio, es la responsable de transformar los estímulos visuales. Ayuda a que el cerebro comprenda lo que están viendo los ojos.

Los sueños son muy visuales. En su libro *The Committee of Sleep: How Artists, Scientists, and Athletes Use Dreams for Creative Problem Solving—and How You Can Too*, la doctora Barrett explica que, del mismo modo que Kekulé descubrió la estructura del benceno en un estado de ensueño, la gente corriente también puede usar los sueños para resolver problemas prácticos. La doctora Barrett puso a prueba el poder de resolución de problemas de los sueños con un grupo de estudiantes universitarios de Harvard.

Les pidió que seleccionaran un problema que fuera importante para ellos. Podía ser personal, académico o más general. Luego les enseñó técnicas de incubación del sueño. Se trata de estrategias que pueden usar las personas para aumentar la probabilidad de tener un sueño que resuelva los problemas. Los estudiantes escribieron sus sueños cada noche durante una semana o hasta que consideraron que habían solucionado sus dificultades. Después se enviaron los problemas y los sueños a un grupo de expertos para que decidieran si el sueño aportaba verdaderamente una solución.

Los resultados fueron sorprendentes. Aproximadamente la mitad de los estudiantes tuvieron un sueño relacionado con su problema, y el 70 % de los que soñaron con él creían que en sus sueños estaba la solución. En la mayoría de los casos, los expertos independientes estuvieron de acuerdo, pues consideraron que más o menos la mitad de los sueños aportaba una solución a los estudiantes que habían soñado con sus problemas.

Uno de los alumnos del estudio estaba intentando decidir qué tipo de carrera seguiría después de graduarse. Había presentado solicitudes para dos programas de posgrado en psicología clínica, ambos en Massachusetts, su estado de residencia. También había presentado otras dos solicitudes para programas de psicología industrial, uno en Texas y otro en California. Una noche soñó que estaba en un avión sobrevolando un mapa de Estados Unidos. El avión tuvo problemas en un motor y el piloto anunció que tenían que buscar un lugar seguro donde aterrizar. Estaban justo sobre Massachusetts, y el estudiante sugirió que aterrizaran ahí, pero el piloto dijo que era demasiado peligroso tomar tierra en cualquier punto del estado. Cuando se despertó, el estudiante se dio cuenta de que, después de pasar toda su vida en Massachusetts, había llegado el momento de trasladarse. Para él, la ubicación de la universidad era más importante que el ámbito de estudio. Sus circuitos dopaminérgicos le habían proporcionado una nueva perspectiva.

SOÑAR CON HISTORIAS Y CANCIONES

Soñar es una fuente frecuente de creatividad artística. Paul McCartney dijo que oyó la melodía de *Yesterday* en un sueño. Keith Richards dijo que se le ocurrió la letra y el ostinato de *Satisfaction* en un sueño. «Sueño con colores, sueño con formas y sueño con sonidos», dijo Billy Joel en una entrevista con el *Hartford Courant* acerca de su canción *River of Dreams*; «Me desperté cantándola y luego no desapareció». Michael Stipe, de REM, escribió la letra del primer éxito del grupo, *It's the End of the World as We Know It (And I Feel Fine)*, de la misma manera. «Soñé con una fiesta —afirmó en la revista *Interview*—. Todos en la fiesta tenían nombres que empezaban con las iniciales L. B., excepto el mío. Eran Lester Bangs, Lenny Bruce, Leonard Bernstein. Así es como surgió una estrofa de la canción.» El escritor Robert Louis Stevenson mencionó los sueños como el origen de *El extraño caso del Dr. Jekyll y Mr. Hyde*, y Stephen King dice que su novela *Misery* también surgió en un sueño.

🐝 INCUBACIÓN DEL SUEÑO: CÓMO 🐝 RESOLVER PROBLEMAS MIENTRAS DUERMES

Elige un problema que sea importante para ti, uno que tengas muchas ganas de resolver. Cuanto mayores sean las ganas, más probabilidades hay de que el problema aparezca en un sueño. Piensa en el problema antes de acostarte. Si es posible, visualízalo en forma de imagen. Si es un problema con una relación, imagina a la persona implicada. Si estás buscando inspiración, imagina un trozo de papel en blanco. Si estás llevando a cabo algún tipo de proyecto, imagina un objeto que lo represente. Retén la imagen en tu mente, ya que es lo último en lo que vas a pensar antes de conciliar el sueño.

Asegúrate de tener un papel y un bolígrafo junto a la cama. En cuanto te despiertes de un sueño, escríbelo, tanto si crees que está relacionado con el problema como si no. Los sueños pueden ser engañosos, y la respuesta tal vez esté oculta. Es importante anotar el sueño de inmediato porque la memoria se evaporará pasados unos segundos si empiezas a pensar en otra cosa. Muchas personas se han despertado de un sueño intenso, uno lleno de significado personal, y menos de un minuto después ya no son capaces de recordar ningún detalle.

Pueden pasar algunas noches antes de que encuentres lo que estás buscando, y la solución que te aporta el sueño quizá no sea la mejor. Pero seguramente será una solución novedosa, una que aborda el problema desde una nueva perspectiva.

POR QUÉ LES GUSTA PINTAR A LOS NOBELES

Las artes y las ciencias puras tienen más en común de lo que mucha gente cree, porque ambas están impulsadas por la dopamina. Los versos compuestos por el poeta sobre un amor imposible no difieren mucho de las fórmulas garabateadas por un físico sobre el estado de excitación de los electrones. Ambos requieren la facultad de trascender del mundo de los sentidos al más profundo e intenso de las ideas abstractas. Las mejores sociedades de científicos están plagadas de almas artísticas. Los miembros de la Academia Nacional de Ciencias de Estados Unidos tienen más probabilidades de tener una afición artística que el resto de nosotros. Las probabilidades entre los miembros de la Royal Society del Reino Unido son el doble, y entre los ganadores de un Premio Nobel, casi el triple. Cuanto mejor se gestionan las ideas más complejas y abstractas, más posibilidades hay de ser un artista.

Esta similitud entre arte y ciencia fue especialmente importante cuando se produjo una crisis en la programación de los ordenadores con el cambio de milenio. Los programadores informáticos se habían habituado a abreviar los años usando solo los dos últimos dígitos (es decir, 99 para 1999) con el fin de conservar el por entonces costoso espacio de memoria (y ahorrarse teclear algunos números). Los programadores no pensaron con antelación en el siguiente milenio, cuando 99 podría querer decir 2099. Miles de programas corrían el riesgo de bloquearse; no solo los navegadores y los procesadores de texto, sino también el *software* que controlaba los aviones, las presas y las centrales eléctricas. El conocido como efecto 2000 afectó a tantos sistemas que no había suficientes programadores para arreglarlos. Según algunos informes, ciertas empresas contrataron a músicos en paro porque tenían mucha facilidad para aprender programación.

POR QUÉ LOS GENIOS NO PARAN QUIETOS

La música y las matemáticas van de la mano porque a menudo unos niveles altos de dopamina vienen en el mismo lote: si eres muy dopaminérgico en un campo, tienes muchas probabilidades de serlo en otros. Los científicos son artistas y los músicos son matemáticos. Pero hay un inconveniente. A veces tener mucha dopamina es un lastre.

Unos niveles altos de dopamina inhiben el funcionamiento de los neurotransmisores del aquí y ahora, por lo que a las personas brillantes no se les suelen dar bien las relaciones humanas. Necesitamos empatía del aquí y ahora para entender qué pasa por la mente de otras personas, una habilidad fundamental para la interacción social. El científico al que conoces en un cóctel no dejará de hablar de sus investigaciones porque no sabe lo mucho que te aburres. En la misma línea, Albert Einstein dijo en una ocasión: «Mi sentido apasionado de la justicia social y la responsabilidad social siempre ha contrastado de manera extraña con mi acentuada falta de necesidad de contacto directo con otros seres humanos». Y: «Amo a la humanidad, pero odio a los seres humanos». Los conceptos abstractos de justicia social y humanidad surgían con facilidad, pero la experiencia concreta de tratar a otras personas era demasiado difícil.

La vida de Einstein reflejó sus dificultades con las relaciones personales. Estaba mucho más interesado en la ciencia que en la gente. Dos años antes de que él y su mujer se separaran, empezó una aventura con su prima, con la que al final se casó. Más tarde fue de nuevo infiel y engañó a su prima con su secretaria y probablemente también con otra media docena de jóvenes. Su mente dopaminérgica era tanto una bendición como una maldición; los altos niveles de dopamina que le permitieron descubrir la relatividad eran casi con toda seguridad los mismos que lo llevaron de una relación a otra, sin dejar nunca que alguna de ellas llegara a convertirse en un amor de compañeros duradero orientado al aquí y ahora.

Entender cómo funciona el cerebro de los genios nos aporta más datos sobre la personalidad dopaminérgica y los distintos modos en que puede manifestarse. Ya hemos hablado del buscador de placer impulsivo al que le cuesta mantener relaciones duraderas y que es propenso a las adicciones. También hemos visto al planificador indiferente que prefiere quedarse hasta tarde en la oficina antes que pasar el tiempo con sus amigos. Ahora vamos a ver una tercera posibilidad: el genio creativo —ya se trate de un pintor, un poeta o un físico—, que tiene tantas dificultades con las relaciones humanas que puede parecer ligeramente autista.[4] Además, el genio dopaminérgico está tan centrado en su mundo de ideas interior que lleva calcetines de distinto color, se olvida de peinarse y, por lo general, ignora todo lo que tenga que ver con el mundo real del aquí y ahora. Platón escribió acerca de un episodio en el que Sócrates, el antiguo filósofo griego, se quedó clavado en un sitio un día y una noche enteros pensando en un problema, totalmente ajeno a lo que ocurría a su alrededor.

Estos tres tipos de personalidad parecen muy distintos a simple vista, pero todos tienen algo en común. Se centran demasiado en aprovechar al máximo los recursos futuros a costa de apreciar el aquí y ahora. El buscador de placer siempre quiere más. No importa lo que consiga, nunca es suficiente. No importa cuánto desee un placer prometido, es incapaz de encontrar satisfacción en él. En cuanto consigue algo, centra su atención en lo siguiente. El planificador indiferente también presenta un desequilibrio entre el futuro y el presente. Al igual que el buscador de placer, también necesita constantemente más, pero tiene una visión a largo plazo y persigue formas más abstractas de gratificación, como el honor, la riqueza o el poder. El genio vive en el mundo de lo desconocido, de lo que aún no se ha descubierto, obsesionado con hacer del futuro un lugar mejor a través de su trabajo. Los genios cambian el mundo, pero su obsesión suele presentarse como indiferencia hacia los demás.

---

4. El autismo también se asocia con niveles de actividad dopaminérgica inusualmente altos en el cerebro.

MISÁNTROPOS BENÉVOLOS

Las personas muy inteligentes, de gran éxito y muy creativas —por lo general, muy dopaminérgicas— suelen expresar un sentimiento extraño: les apasiona la gente, pero tienen poca paciencia con las personas de forma individual:

Cuanto más quiero a la humanidad en general, menos cariño me inspiran las personas en particular. Más de una vez he soñado apasionadamente con servir a la humanidad. [...] Pero no puedo vivir dos días seguidos con una persona en la misma habitación. [...] Apenas me pongo en contacto con los hombres, me siento enemigo de ellos.

FIÓDOR DOSTOYEVSKI

Soy un misántropo y a la vez totalmente bondadoso, tengo más de un tornillo suelto, pero al mismo tiempo soy alguien superidealista que puede digerir con más eficiencia la filosofía que la comida.

ALFRED NOBEL

Amo a la humanidad, pero odio a la gente.

EDNA ST. VINCENT MILLAY

A veces incluso usan expresiones casi idénticas:

Amo a la humanidad, lo que no soporto es a la gente.

CHARLES SCHULZ
(escrito para Linus en *Peanuts*)

Tal vez esté mal visto, pero tiene su explicación. Las personas muy dopaminérgicas suelen preferir el pensamiento abstracto a la experiencia sensorial. Para ellos, la diferencia entre amar a la humanidad y amar al prójimo es la diferencia que hay entre amar la idea de tener un cachorro y cuidar de él.

LAS TRÁGICAS CONSECUENCIAS

Los rasgos dopaminérgicos de Einstein tenían casi con toda certeza un origen genético. Uno de sus dos hijos fue un experto en ingeniería hidráulica reconocido a nivel internacional. Al otro le diagnosticaron esquizofrenia a los veinte años y murió en un manicomio. Estudios demográficos importantes han revelado la existencia de un componente genético de naturaleza dopaminérgica. Un estudio islandés que evaluó el perfil genético de más de 86.000 personas descubrió que los sujetos portadores de genes que los exponían a un mayor riesgo de padecer esquizofrenia o trastorno bipolar eran más propensos a formar parte de alguna sociedad nacional de actores, bailarines, músicos, artistas visuales o escritores.

Isaac Newton, que descubrió el cálculo y la ley de la gravitación universal, era uno de esos genios problemáticos. Le costaba llevarse bien con otras personas, y participó en una triste disputa científica con el matemático y filósofo alemán Gottfried Leibniz. Era reservado y paranoico, y mostraba poco sus emociones, hasta el punto de ser cruel. Cuando ocupó el cargo de intendente en la Royal Mint, la casa de la moneda del Reino Unido, hizo que colgaran a muchos falsificadores pese a las objeciones de sus colegas.

A Newton lo atormentaba la locura. Se pasaba horas intentando buscar mensajes ocultos en la Biblia y escribió más de un millón de palabras sobre religión y ocultismo. Se dedicó al arte medieval de la alquimia, buscando de forma obsesiva la piedra filosofal, una sustancia mítica que los alquimistas creían que tenía propiedades mágicas y que incluso podía ayudar a los seres humanos a alcanzar la inmortalidad. A los cincuenta años, Newton se volvió completamente psicótico y pasó un año en un hospital psiquiátrico.

Basándose en las pruebas, parece probable que Newton tuviera unos niveles altos de dopamina que contribuyeron a su genialidad, sus problemas sociales y su brote psicótico. Y no es el único. Se cree o se sabe que muchos artistas, científicos y dirigentes empresariales brillantes han tenido trastornos mentales. Entre ellos están Ludwig van Beethoven, Edvard Munch (que pintó *El grito*), Vincent van Gogh, Charles Darwin, Georgia O'Keeffe, Sylvia Plath, Nikola Tesla, Vaslav Nijinsky (el mejor bailarín de principios del siglo xx, que en una ocasión hizo una coreografía de un *ballet* que provocó un escándalo), Anne Sexton, Virginia Woolf, el maestro del ajedrez Bobby Fischer y muchos otros.

La dopamina nos proporciona el poder de crear. Nos permite imaginar lo irreal y conectar entre sí cosas que aparentemente no tienen ninguna relación. Nos permite construir modelos mentales del mundo que van más allá de la mera descripción física y de las impresiones sensoriales para descubrir el sentido profundo de lo que experimentamos. Entonces, como un niño que derriba una torre de cubos, la dopamina destruye sus propios modelos para que podamos empezar de nuevo y encontrar un nuevo sentido a lo que antes nos era familiar.

Pero ese poder tiene un precio. Los hiperactivos sistemas dopaminérgicos de los genios creativos los exponen al riesgo de padecer trastornos mentales. A veces, el mundo de lo irreal atraviesa sus límites naturales y provoca paranoia, delirios y el entusiasmo febril de la conducta maníaca. Además, el aumento de la actividad dopaminérgica puede arrollar a los sistemas del aquí y ahora, entorpeciendo la capacidad individual para establecer relaciones humanas y desenvolverse en el mundo real cotidiano.

Para algunos, no importa. El gozo de la creación es lo más intenso que conocen, ya sean artistas, científicos, profetas o empresarios. Cualquiera que sea su vocación, nunca dejan de trabajar. Lo que más les importa es su pasión por la creación, el descubrimiento o la iluminación. Nunca se relajan, nunca se detienen a disfrutar de lo bueno que poseen. En cambio, se obsesionan con construir un futuro que nunca llega. Porque cuando el futuro se torna en presente, disfrutarlo exige la activación de sustancias químicas del aquí y ahora «sensibleras», y eso es algo que no gusta a las personas muy dopaminérgicas, por lo que lo evitan. Prestan un buen servicio a los ciudadanos. Pero da igual lo ricos, famosos o triunfadores que lleguen a ser; casi nunca son felices y, desde luego, nunca están satisfechos. Las fuerzas evolutivas que fomentan la supervivencia de las especies dan lugar a estas personas especiales. La naturaleza los lleva a sacrificar su propia felicidad con el fin de aportar al mundo nuevas ideas e innovaciones que nos beneficien a los demás.

SURF, ARENA Y PSICOSIS

Brian Wilson, de los Beach Boys, es uno de los músicos más revolucionarios de la música pop. En sus inicios, su música era engañosamente simple: melodías pegadizas sobre surf, coches y chicas. Pero con el paso del tiempo hizo experimentos de sonido sin precedentes, una música agradable de escuchar, pero cada vez con más capas y más compleja. Como compositor, arreglista y productor, empezó a introducir nuevos sonidos y combinaciones de sonidos en la música pop. Algunas de estas elecciones fueron variaciones de formas conocidas: ejecución inusual de acordes corrientes, combinaciones improbables de tonos en forma de acordes, y progresiones habituales que empiezan y terminan en lugares inesperados. Wilson usó instrumentos poco comunes como el clavicémbalo y el teremín, que se había empleado anteriormente para crear el inquietante zumbido de las películas de terror. También usó objetos que no se consideraban en absoluto instrumentos musicales: un silbato de tren, los timbres de las bicicletas, el balido de las cabras. Esta experimentación culminó en el álbum *Pet Sounds* (1966), una colección de música creativa aclamada por la crítica que sonaba totalmente distinta a lo que había hecho hasta entonces. Mientras que artistas como Bob Dylan elevaron las insulsas letras del pop y el rock a la categoría de poesía, Brian Wilson transformó las posibilidades de la propia música a partir de tres acordes y una estructura estrofa-estribillo que el publicista de los Beach Boys, Derek Taylor, llamó «sinfonía de bolsillo».

La gama de conexiones creativas inusuales sugiere que tiene una inhibición latente baja asociada con unos niveles altos de dopamina, pero esos niveles elevados también pueden haber contribuido al trastorno mental de Wilson. «Oye voces», explicó su mujer, Melinda Ledbetter, a la revista *People* en 2012. «Puedo saber si son voces buenas o malas por la mirada que aparece en su rostro. A nosotros nos cuesta entenderlo, pero para él son muy reales.» Le diagnosticaron esquizofrenia, y luego cambiaron el diagnóstico a trastorno esquizoafectivo, una combinación de síntomas de la esquizofrenia y un estado de ánimo anómalo que incluye alucinaciones y paranoia. En 2006, le contó a la revista *Ability* que empezó a oír voces a los veinticinco años, una semana después de haber tomado alucinógenos. «En los últimos cuarenta años he tenido alucinaciones auditivas en la cabeza, todos los días durante todo el día, y no consigo sacármelas. Cada pocos minutos las voces me dicen algo despectivo... Creo que empezaron a meterse conmigo porque están celosas. Las voces en mi cabeza tienen celos de mí.»

Wilson dice que el tratamiento para reducir los síntomas no ha disminuido de manera considerable su creatividad. En contra de la opinión generalizada, el dolor no tratado de los trastornos mentales es un impedimento, no una ayuda. «Solía pasar largos periodos sin poder hacer nada, pero ahora toco todos los días.»

Lecturas complementarias

Barrett, D. (1993), «The "committee of sleep": A study of dream incubation for problem solving», *Dreaming*, 3(2), 115-122.

Dement, W. C., *Some must watch while some just sleep*, Nueva York, Freeman, 1972.

Fiss, H., Klein, G. S. y Bokert, E. (1966), «Waking fantasies following interruption of two types of sleep», *Archives of General Psychiatry*, 14(5), 543-551.

Friedman, T. (productor) y Jones, P. (director), *NOVA: Einstein Revealed*, Boston, MA, WGBH, 1996.

Gottesmann, C. (2002), «The neurochemistry of waking and sleeping mental activity: The disinhibition-dopamine hipótesis», *Psychiatry and Clinical Neurosciences*, 56(4), 345-354.

Green, A. E., Spiegel, K. A., Giangrande, E. J., Weinberger, A. B., Gallagher, N. M. y Turkeltaub, P. E. (2016), «Thinking cap plus thinking zap: tDCS of frontopolar cortex improves creative analogical reasoning and facilitates conscious augmentation of state creativity in verb generation», *Cerebral Cortex*, 27(4), 2628-2639.

James, I. (2003), «Singular scientists», *Journal of the Royal Society of Medicine*, 96(1), 36-39.

Kuepper, H. (2017), «Short life history: Hans Albert Einstein». Obtenido en: <http://www.einstein-website.de/biographies/einsteinhansalbert_content.html>.

Nasar, S., *Una mente prodigiosa*, Ricard Martínez i Muntada (trad.), Barcelona, Debolsillo, 2004.

Orendain, S. (28 de diciembre de 2011), «In Philippine slums, capturing light in a bottle», *NPR All Things Considered*. Obtenido en: <https://www.npr.org/2011/12/28/144385288/in-philippine-slums-capturing-light-in-a-bottle>.

Pinker, S. (2002), «Art movements», *Canadian Medical Association Journal*, 166(2), 224.

Root-Bernstein, R., Allen, L., Beach, L., Bhadula, R., Fast, J., Hosey, C. y Podufaly, A. (2008), «Arts foster scientific success: Avocations of Nobel, National Academy, Royal Society, and Sigma Xi members», *Journal of Psychology of Science and Technology*, 1(2), 51-63.

Rothenberg, A. (1995), «Creative cognitive processes in Kekulé's discovery of the structure of the benzene molecule», *American Journal of Psychology*, 108(3), 419-438.

Scarone, S., Manzone, M. L., Gambini, O., Kantzas, I., Limosani, I., D'Agostino, A. y Hobson, J. A. (2008), «The dream as a model for psychosis: An experimental approach using bizarreness as a cognitive marker», *Schizophrenia Bulletin*, 34(3), 515-522.

Schrag, A. y Trimble, M. (2001), «Poetic talent unmasked by treatment of Parkinson's disease», *Movement Disorders*, 16(6), 1175-1176.

Winerman, L. (2005), «Researchers are searching for the seat of creativity and problem-solving ability in the brain», *Monitor on Psychology*, 36(10), 34.

Conservador: Dícese del estadista enamorado de los males existentes, por oposición al liberal, que desea reemplazarlos por otros.

AMBROSE BIERCE, *El diccionario del diablo*

5

POLÍTICA

Por qué no podemos llevarnos bien

En donde aprendemos cómo los superpoderes y los desinfectantes para las manos afectan a nuestra ideología política.

LOS AUTORES SE LAMENTAN...

En abril de 2002, el *American Journal of Political Science* publicó un informe de investigación: «Correlation not Causation: The Relationship Between Personality Traits and Political Ideologies». Estaba escrito por un grupo de investigadores de la Universidad de la Mancomunidad de Virginia que estudiaron la relación entre las creencias políticas y los rasgos de personalidad. Hallaron que estaban conectados y que esa conexión podría atribuirse a los genes. Durante la investigación, observaron que algunos rasgos de personalidad estaban asociados con los liberales y otros con los conservadores.

Tenían un especial interés en un conjunto de características de la personalidad —lo que los psiquiatras llaman una constelación de la personalidad— denominadas *P*. Los autores vieron que las personas con valores de *P* bajos eran más propensas a ser «altruistas, sociables, empáticas y convencionales». En cambio, las personas con valores de *P* altos son «manipuladoras, tenaces y prácticas», y presentan características como «asunción de riesgos, búsqueda de sensaciones, impulsividad y autoritarismo». Llegaron a la conclusión siguiente: «Por lo tanto, esperamos que los valores más altos de *P* estén relacionados con una actitud política más conservadora».

Lo que predijeron fue exactamente lo que encontraron. Los estereotipos, señalaron, eran ciertos: los conservadores tienden a ser impulsivos y autoritarios, mientras que los liberales tienen tendencia a ser sociables y generosos. Pero en ciencia, encontrar justo lo que esperas puede ser una señal de advertencia. Y, en enero de 2016, catorce años después del informe original, la revista publicó una retractación:

> Los autores se lamentan del error en la versión publicada de «Correlation not Causation: The Relationship Between Personality Traits and Political Ideologies». La interpretación del código... era exactamente al revés.

Alguien había cambiado las etiquetas. La interpretación correcta era la contraria de la que habían dicho. Según el estudio, eran los liberales, no los conservadores, quienes eran manipuladores, tenaces y prácticos. Y eran los conservadores, no los liberales, quienes tendían a ser altruistas, sociables, empáticos y convencionales. Mucha gente se sorprendió ante este giro. Pero si pensamos en lo que este estudio halló a su nivel más básico y cómo se relaciona con el sistema dopaminérgico, los resultados revisados tienen sentido, desde luego más sentido que los originales, que se proclamaron a los cuatro vientos incorrectamente.

LAS LIMITACIONES PARA DETERMINAR LA PERSONALIDAD

Los psicólogos llevan décadas trabajando para crear modos de determinar la personalidad. Vieron que esta se puede dividir en diferentes ámbitos, como lo abierta que una persona está a nuevas experiencias o lo disciplinada que es. Los psicólogos estadounidenses dividen la personalidad en cinco ámbitos, mientras que los británicos prefieren tres. En cualquier caso, cuando un científico se centra en uno de los ámbitos, está cuantificando solo una parte de la personalidad de un sujeto, no de toda la persona. Pensemos en dos enfermeras que tienen unos valores altos de compasión. A primera vista, uno podría pensar en dos personas parecidas. Pero hay también otras esferas de la personalidad. Una enfermera podría ser extrovertida y afectiva, mientras que la otra podría ser introvertida y comedida.

Aunque las enfermeras compartan tal vez algunos rasgos de personalidad, son un grupo formado por personas únicas.

Otra limitación para determinar la personalidad es que los científicos suelen declarar valores medios para el grupo. Así pues, si un estudio revela que los liberales asumen más riesgos que los conservadores, es probable que dentro de ese grupo de liberales haya algunas personas que busquen la seguridad. Los estudios de personalidad nos ayudan a predecir lo que hará un grupo de personas, pero son menos útiles para vaticinar qué hará una sola persona.

LOS PROGRESISTAS IMAGINAN UN FUTURO MEJOR

Las características que el estudio al final asoció con los liberales —asumir riesgos, búsqueda de sensaciones, impulsividad y autoritarismo— se corresponden con una dopamina alta.[1] Pero ¿tienden en realidad las personas

---

1. De hecho, un grupo de científicos del Instituto de Psiquiatría de Londres vio que los receptores de dopamina estaban más concentrados en el cerebro de personas con valores altos de P que en quienes tenían valores más bajos. Una densidad de receptores alta comporta unas señales dopaminérgicas más fuertes, lo que, a su vez, lleva a la aparición de rasgos distintivos de personalidad. La conexión también se observa cuando vemos el significado de P: psicoticismo. Unos valores altos de P son un factor de riesgo para la aparición de la esquizofrenia. Esto no significa que los liberales co-

dopaminérgicas a apoyar las políticas liberales? Parece ser que la respuesta es sí. Los liberales acostumbran a referirse a sí mismos como progresistas, un término que implica una mejora constante. Los progresistas aceptan el cambio. Imaginan un futuro mejor y, en algunos casos, incluso creen que la combinación adecuada de tecnología y políticas públicas puede acabar con problemas fundamentales de la condición humana como la pobreza, la ignorancia y la guerra. Los progresistas son idealistas que usan la dopamina para imaginar un mundo mucho mejor que el que habitamos en la actualidad. El progresismo es una flecha que apunta hacia delante.

Por otro lado, la palabra *conservador* implica el mantenimiento de lo mejor que hemos heredado de quienes nos precedieron. Los conservadores a menudo sospechan del cambio. No les gustan los expertos que intentan hacer que la civilización avance diciéndoles lo que tienen que hacer, aunque sea por su propio bien; por ejemplo, las leyes que exigen a los motoristas llevar casco o los reglamentos que fomentan una alimentación saludable. Los conservadores desconfían del idealismo de los progresistas y lo critican por considerarlo un intento imposible de crear una utopía perfecta, un intento que es más probable que lleve a un totalitarismo en el que las élites dominen todos los aspectos de la vida pública y privada. A diferencia de la flecha del progresismo, el conservadurismo se representa mejor con un círculo.

---

rran el riesgo de volverse psicóticos, si bien muchos de ellos tienen cosas en común con las personas muy creativas, que a veces caen en el terreno de la psicosis.

Matt Bai, antiguo corresponsal jefe de política para la *New York Times Magazine*, reconoció sin querer la diferencia dopaminérgica entre la izquierda y la derecha cuando escribió:

> Los demócratas ganan cuando encarnan la modernización. El liberalismo triunfa únicamente cuando representa una reforma del Gobierno, más que su simple mantenimiento. [...] Los estadounidenses no necesitan demócratas que defiendan la nostalgia y la restauración. Para eso ya tienen a los republicanos.

La relación entre la dopamina y el liberalismo queda aún más demostrada al examinar grupos concretos de personas. Las que son dopaminérgicas tienden a ser creativas. También se desenvuelven bien con conceptos abstractos. Les gusta ir en busca de la novedad y sienten una insatisfacción general con el *statu quo*. ¿Hay alguna prueba de que estas personas puedan ser liberales políticamente? Las empresas emergentes de Silicon Valley atraen justo a este tipo de personas: creativas, idealistas, hábiles en campos abstractos como la ingeniería, las matemáticas y el diseño. Son personas rebeldes, impulsadas a buscar el cambio, aun a riesgo de acabar mal. Los emprendedores de Silicon Valley, y quienes trabajan para ellos, tienden a ser bastante dopaminérgicos. Son tenaces, asumen riesgos, buscan sensaciones y son prácticos, rasgos de personalidad asociados con los liberales en la versión corregida del artículo del *American Journal of Political Science*.

¿Qué sabemos del pensamiento político de Silicon Valley? Un estudio realizado entre fundadores de empresas emergentes reveló que el 83 % sostenía la visión progresista de que la educación puede resolver todos o la mayoría de los problemas de la sociedad. Entre la población en general, solo el 44 % cree que esto es cierto. Los fundadores de empresas emergentes eran más propensos que el resto de la población a creer que el Gobierno debería fomentar decisiones personales inteligentes. El 80 % de ellos creía que casi todos los cambios son buenos a la larga. Y en las elecciones presidenciales de 2012, más del 80 % de las donaciones de los empleados de las principales empresas tecnológicas fueron para Barack Obama.

DE HOLLYWOOD A HARVARD

Otro ejemplo de conexión entre la dopamina y el liberalismo se puede encontrar en la industria del entretenimiento. Hollywood es la meca de la creatividad estadounidense, así como el paradigma de los excesos dopaminérgicos. Nuestras celebridades más prominentes buscan de forma frenética más: más dinero, más drogas, más sexo y todo lo que esté a la última moda. Se aburren con facilidad. Según un estudio de la Marriage Foundation, un laboratorio de ideas del Reino Unido, la tasa de divorcios entre los famosos es casi el doble que la de la población en general. Es peor incluso durante el primer año de matrimonio, cuando las parejas deben pasar del amor apasionado al amor de compañeros. Los famosos recién casados tienen una probabilidad casi seis veces mayor de divorciarse que la gente corriente.

Muchos de los problemas a los que se enfrentan los actores son de naturaleza dopaminérgica. Un estudio de 2016 con actores australianos reveló que, a pesar de que su trabajo les aportaba «una sensación de crecimiento personal y un propósito», eran muy vulnerables a los trastornos mentales. Los actores identificaron varias cuestiones clave, como «problemas de autonomía, falta de dominio del medio, relaciones interpersonales complejas y una gran autocrítica». Son retos que serían más difíciles para personas muy dopaminérgicas, que necesitan sentir que controlan su medio y a las que a menudo les cuesta desenvolverse en relaciones humanas complejas.

En cuanto a la política, las ideas liberales dominan Hollywood. Según la CNN, los famosos donaron 800.000 dólares para la campaña de reelección del presidente Barack Obama, en comparación con los 76.000 dólares para el contrincante republicano, Mitt Romney. El Centro para una Política Reactiva, responsable del sitio web Opensecrets.org, publicó que, durante el mismo periodo electoral, las personas que trabajaban para las siete principales empresas de medios de comunicación donaron seis veces más a los demócratas que a los republicanos.

El siguiente en la lista es el mundo universitario, que es un templo de dopamina. Parece como si los profesores e investigadores universitarios vivieran en una torre de marfil (lo que se opondría a una choza de barro, por ejemplo). Dedican su vida a lo inmaterial, al abstracto mundo de las ideas. Y son muy liberales. En el mundo universitario, es más probable que encuentres a un comunista que a un conservador. Un artículo de opinión del *New York Times* señaló que solo el 2 % de los profesores de inglés eran republicanos, mientras que el 18 % de los científicos sociales se consideraban marxistas.

Los valores liberales están mucho más presentes en los campus universitarios que en cualquier otro sitio. El comediante Chris Rock le dijo a un periodista de *The Atlantic* que ya no iba a actuar más en campus universitarios porque el público se ofendía con demasiada facilidad ante los discursos que iban en contra de la ideología liberal. Jerry Seinfeld señaló asimismo en una entrevista radiofónica que otros comediantes le habían dicho que no se acercara a las facultades. «Son tan políticamente correctos...», le advirtieron.

¿SON LOS LIBERALES MÁS INTELIGENTES?

Una carrera en el mundo universitario suele ser una señal de mayor inteligencia, pero ¿puede extenderse esta mayor inteligencia a los liberales en general, a las personas más propensas a tener sistemas dopaminérgicos muy activos? Probablemente sí. Determinar la capacidad para manejar ideas abstractas, cortesía del circuito del control de la dopamina, es una parte esencial de la forma en que los psicólogos miden la inteligencia.

Para analizar la cuestión de la inteligencia relativa de liberales y conservadores, Satoshi Kanazawa, científico de la Escuela de Economía y Ciencias Políticas de Londres, examinó a un grupo de hombres y mujeres que habían hecho test de inteligencia cuando estaban en el instituto. Se hizo un promedio de las puntuaciones según la ideología política y surgió una tendencia muy clara. Los adultos que se describieron a sí mismos como «muy liberales» tenían unos resultados de inteligencia más altos que los de quienes se describían tan solo como «liberales». Los liberales tenían puntuaciones más altas que quienes se describían como «moderados», y la evolución mantenía un descenso continuo hasta quienes se describían como «muy conservadores». Con una escala de 100, que representaba el promedio, los adultos muy liberales tenían un coeficiente intelectual de 106, mientras que los muy conservadores, de 95.

Asimismo, se vio una tendencia parecida, si bien no tan evidente, en relación con la religiosidad. Los ateos tenían un coeficiente intelectual de 103, mientras que el de quienes se describían como «muy religiosos» era de 97. Es importante hacer hincapié en que se trata de promedios. En grupos más grandes, hay conservadores brillantes y liberales no tan brillantes. Además, las diferencias generales son pequeñas. El rango «normal» es de 90 a 109. La «inteligencia superior» empieza en 110 y la «genialidad», en 140.

La flexibilidad mental —capacidad para modificar la propia conducta en respuesta a las circunstancias cambiantes— es asimismo un indicador para medir la inteligencia. Para analizar la flexibilidad mental, investigadores de la Universidad de Nueva York prepararon un experimento donde pedían a los voluntarios que participaban en la prueba que pulsaran un botón cuando vieran la letra W y que se abstuvieran de pulsarlo cuando vieran la letra M. Los voluntarios tenían que pensar rápido. Cuando aparecía la letra, disponían tan solo de medio segundo para decidir si pulsar o no el botón. Para complicar aún más las cosas, los investigadores a veces cambiaban las reglas: pulsar al ver la M, abstenerse con la W.

Los conservadores tenían más dificultades que los liberales, sobre todo cuando, a una serie de señales para pulsar, le seguía una de abstenerse. Cuando llegaba la señal del cambio, les costaba adaptar su conducta.

Para comprender mejor qué pasaba, los investigadores colocaron electrodos en la cabeza de los voluntarios con objeto de medir la actividad cerebral durante la prueba. No había mucha diferencia entre los liberales y los conservadores cuando se mostraba el símbolo de pulsar. Pero, cuando aparecía la señal de no pulsar y los voluntarios disponían de medio segundo para decidir, los liberales activaban al instante una parte del cerebro responsable de detectar los errores (que implica previsión, atención y motivación) de un modo distinto al de los conservadores. Cuando cambian las circunstancias, los liberales responden mejor, activando rápidamente los circuitos neuronales y ajustando sus respuestas para afrontar el nuevo reto.

¿QUÉ ES LA INTELIGENCIA?

La inteligencia se ha definido de muchas formas distintas. La mayoría de los expertos coinciden en que un test de inteligencia no es una medida de la inteligencia general, pues lo que hace es medir de forma específica la capacidad para generalizar a partir de datos incompletos y entender la nueva información usando reglas abstractas. Otro modo de decirlo es que un test de inteligencia mide la capacidad de una persona para crear modelos imaginarios basados en experiencias anteriores que le sirvan para predecir qué ocurrirá en el futuro. La dopamina del control desempeña un papel importante.

No obstante, existen otros modos de definir la inteligencia, como la facultad de tomar buenas decisiones cotidianas. Para este tipo de actividad mental, las emociones (el aquí y ahora) son fundamentales. Antonio Damasio, neurocientífico de la Universidad del Sur de California y autor de *El error de Descartes. La emoción, la razón y el cerebro humano*, señala que la mayor parte de las decisiones no se pueden abordar de una manera puramente racional. Asimismo, a veces no disponemos de la suficiente información y en otras tenemos mucha más de la que podemos procesar. Por ejemplo: ¿a qué universidad debería ir? ¿Cuál es la mejor manera de decirle a ella que lo siento? ¿Debería entablar amistad con esta persona? ¿De qué color debería pintar la cocina? ¿Debería casarme con él? ¿Es buen momento para decir lo que pienso o mejor me callo?

Estar en contacto con nuestras emociones y procesar la información emocional con habilidad son cruciales para casi cualquier decisión que tomemos. La capacidad intelectual no es suficiente. Todos conocemos al genio científico o al escritor brillante que es como un niño indefenso en la vida real porque no tiene «sentido común», la habilidad para tomar buenas decisiones.

El papel que desempeñan las emociones en la toma de decisiones no se ha estudiado tanto como el del pensamiento racional; no obstante, no sería descabellado predecir que las personas que tienen un sistema del aquí y ahora fuerte tendrían ventaja en este ámbito. Una puntuación elevada en un test de inteligencia puede ser un buen indicador de logros académicos, pero, para llevar una vida feliz, la complejidad emocional puede ser más importante.

LA DIFERENCIA ENTRE TENDENCIAS DE GRUPO Y CASOS INDIVIDUALES

Los científicos suelen estudiar grandes grupos de población. Determinan características en las que están interesados y calculan valores medios. Luego comparan esos promedios con lo que se denomina grupo de referencia. Un grupo de referencia podría ser la gente corriente, las personas sanas o la población general. Por ejemplo, un científico podría hacer un estudio demográfico que revelase una mayor tasa de cáncer entre fumadores en comparación con el resto de la población. También podría hacer un estudio genético y descubrir que las personas que tienen un gen que acelera el sistema dopaminérgico son de media más creativas que las que carecen de ese gen.

El problema es que, cuando hablamos de promedios de un grupo grande, siempre hay excepciones, a veces muchas. Muchos de nosotros conocemos a fumadores empedernidos que llevan una buena vida a los noventa y tantos años. Del mismo modo, no todos los que tienen un gen muy dopaminérgico son creativos.

Hay muchas cosas que influyen en las conductas humanas: cómo interactúan entre sí decenas de genes distintos, en qué tipo de familia creciste y si te animaron para que fueras creativo desde muy joven, por citar algunas. Tener un gen específico acostumbra a tener solo un efecto menor. Así que, si bien estos estudios mejoran nuestra comprensión acerca de cómo funciona el cerebro, no son muy buenos para predecir cómo se comportará una persona en concreto, un miembro de un grupo grande. Dicho de otro modo, algunas observaciones acerca de un grupo al que perteneces pueden no ser ciertas en lo que a ti respecta en particular. Es lo que cabe esperar.

Genes receptores y la división liberal-conservador

Es muy probable que la dificultad a la que se enfrentaban los conservadores derive de diferencias en su ADN. De hecho, en general las actitudes políticas parecen estar influenciadas por la genética. Además del artículo del *American Journal of Political Science* que acabamos de mencionar, otros estudios avalan la relación entre una disposición genética a una personalidad dopaminérgica y la ideología liberal. Investigadores de la Universidad de California, en San Diego, prestaron especial atención a un gen llamado D4 que codifica uno de los receptores dopaminérgicos. Al igual que la mayoría de los genes, el gen D4 tiene diversas variantes. Las ligeras variaciones en los genes se denominan alelos. El conjunto de distintos alelos de cada persona (sumado al entorno en que crecieron) ayuda a determinar su personalidad singular.

Una de las variantes del gen D4 se llama 7R. Las personas que tienen la variante 7R tienden a buscar lo novedoso. Toleran menos la monotonía y buscan todo aquello que sea nuevo o atípico. Pueden ser impulsivas, curiosas, volubles, nerviosas, irascibles y extravagantes. Por otro lado, las que tienen personalidades que buscan poco lo novedoso son más propensas a ser reflexivas, inflexibles, leales, estoicas, moderadas y frugales.

Los investigadores hallaron una conexión entre el alelo 7R y la adhesión a una ideología liberal, pero solo si la persona creció rodeada de otras con distintas opiniones políticas. Para que esta relación se produjera, tenía que haber tanto un componente genético como social. Un vínculo parecido se encontró en una muestra de universitarios chinos de la etnia han en Singapur, lo que indica que la relación entre el alelo 7R y la adhesión a una ideología liberal no es exclusiva de la cultura occidental.

¿HUMANOS O HUMANIDAD?

Mientras que, de media, los conservadores pueden carecer de parte del talento de la izquierda dopaminérgica, es más probable que disfruten de las ventajas de tener un sistema del aquí y ahora fuerte. Entre ellas están la empatía y el altruismo, sobre todo en forma de donativos, y la capacidad para establecer relaciones monógamas duraderas.

La disparidad izquierda-derecha respecto a los donativos se describió en una memoria de investigación publicada en *The Chronicle of Philanthropy*. Los investigadores usaron datos de Hacienda para analizar los donativos por estados en función de cómo había votado cada uno en las elecciones de 2012 de Estados Unidos.[2]

The Chronicle halló que las personas que donaron un mayor porcentaje de sus ingresos vivían en estados que votaron a Romney, mientras que quienes donaron un porcentaje menor vivían en estados que votaron a Obama. De hecho, los dieciséis estados más generosos en cuanto al porcentaje de sus ingresos votaron a Romney. Un desglose por ciudades reveló que las urbes liberales de San Francisco y Boston estaban entre las últimas posiciones, mientras que Salt Lake City, Birmingham, Memphis, Nashville y Atlanta se hallaban entre las más generosas. Las diferencias no tenían que ver con los in-

---

2. Los datos presentaban algunos puntos débiles. Dado que procedían de las declaraciones de la renta, se basaban en el 35 % de los contribuyentes que especificaban sus donativos, que son, por lo general, los contribuyentes más ricos. Además, solo un tercio de las contribuciones benéficas van a los pobres. Según un informe de 2011 de Giving USA, el 32 % de los donativos iban destinados a organizaciones religiosas y el 29 % a instituciones educativas, fundaciones privadas, arte, cultura y organizaciones benéficas medioambientales. A pesar de estos puntos débiles, el informe aportó una visión de conjunto interesante acerca de quién es más propenso a dar dinero a los demás.

gresos. Todos los conservadores —pobres, ricos y de clase media— dieron más que sus homólogos liberales.

Estos resultados no significan que a los conservadores les importen más los pobres que a los liberales. Lo que sucede es que, al igual que Albert Einstein, puede que los liberales se sientan más a gusto centrándose en la humanidad que en los humanos. Los liberales abogan por leyes que ayuden a los pobres. En comparación con la caridad, la legislación tiene más una postura de no intervención ante el problema de la pobreza. Esto refleja una diferencia de criterio que ya hemos observado con frecuencia: las personas dopaminérgicas están más interesadas en la acción a distancia y la planificación, mientras que las personas con niveles altos de neurotransmisores del aquí y ahora tienden a prestar atención a cosas al alcance de la mano. En este caso, el Gobierno actúa como el agente de la compasión liberal y, asimismo, como mediador entre el benefactor y el beneficiario. Los recursos para los pobres provienen de organismos públicos financiados en conjunto por millones de contribuyentes individuales.

¿Qué es mejor, la política o la caridad? Depende de cómo lo mires. Como sería de esperar, el criterio dopaminérgico, la política, aprovecha al máximo los recursos disponibles para los pobres. Lo que mejor hace la dopamina es sacar el máximo partido de los recursos. En 2012, los Gobiernos federales, estatales y locales gastaron aproximadamente un billón de dólares en programas contra la pobreza. Eso supone unos 20.000 dólares por cada pobre de Estados Unidos. La caridad, en cambio, supuso solo 360.000 millones de dólares. El criterio dopaminérgico aportó casi el triple de dinero.

Por otro lado, el valor de la ayuda no solo se cuenta en dólares y centavos. Las repercusiones emocionales del aquí y ahora de la ayuda gubernamental impersonal es distinta de una relación personal con una iglesia o una organización benéfica. La caridad es más flexible que la legislación, por lo que puede centrarse más en las necesidades específicas de personas reales, a diferencia de los grupos definidos de manera abstracta. Las personas que trabajan para organizaciones benéficas privadas suelen tener un contacto más estrecho, a menudo físico, con la gente a la que ayudan. Esta relación íntima les permite conocer a las personas a las que ayudan y personalizar la asistencia que ofrecen. De este modo, a los recursos materiales se añade el apoyo emocional, como ayudar a las personas que pueden valerse por sí mismas a encontrar trabajo o, en líneas más generales, mostrar a los desfavorecidos que hay alguien que se preocupa por ellos como personas. Muchas organizaciones benéficas hacen hincapié en que la responsabilidad personal y un buen carácter son las armas más eficaces contra la pobreza. Esta estrategia no es válida para todo el mundo, aunque para algunos será más útil que recibir prestaciones gubernamentales.

Existe también un beneficio emocional para quien ofrece la ayuda. La paradoja hedonista afirma que quienes buscan la felicidad para sí mismos no la encontrarán, mientras que sí lo harán quienes ayudan a los demás. El altruismo se ha asociado con un mayor bienestar, salud y longevidad. Hay incluso datos que indican que ayudar a los demás ralentiza el envejecimiento a nivel celular. Investigadores del Departamento de Bioética de la Universidad Case de la Reserva Occidental sugieren que los efectos positivos del altruismo pueden derivarse de «una integración social más profunda y positiva, una distracción de los problemas personales y de la ansiedad por preocuparnos por nosotros mismos, un mayor sentido y finalidad en la vida, y un modo de vida más activo». Existen algunos beneficios que no se pueden lograr tan solo pagando impuestos.

Si la política destina más recursos a los pobres y las organizaciones benéficas aportan otras ventajas, ¿por qué no combinar ambas? El problema es que la dopamina y los neurotransmisores del aquí y ahora en general se oponen entre sí, lo que genera una dicotomía. Las personas que apoyan las ayudas gubernamentales para los pobres (una estrategia dopaminérgica) son menos proclives a dar (una estrategia de los neurotransmisores del aquí y ahora) y viceversa.

La Encuesta Social General de la Universidad de Chicago ha estado haciendo un seguimiento de las tendencias, las actitudes y el comportamiento de la sociedad estadounidense desde 1972. Una parte de la encuesta pregunta acerca de la desigualdad de los ingresos. Los resultados mostraron que los estadounidenses que se oponían con más fuerza a la redistribución por parte del Gobierno para abordar este problema donaban diez veces más a fines benéficos que quienes apoyaban firmemente las medidas gubernamentales: 1.627 dólares anuales frente a 140 dólares. De forma análoga, en comparación con las personas que quieren más gasto social, quienes creen que el Gobierno gasta demasiado dinero en ayudas sociales son más propensos a dar indicaciones a alguien en la calle, devolver el cambio de más al tendero o dar comida o dinero a un indigente. Casi todo el mundo quiere ayudar a los pobres. No obstante, dependiendo de si tienen una personalidad dopaminérgica o del aquí y ahora, lo harán de distinta forma. Las personas dopaminérgicas quieren que los pobres reciban más ayuda, mientras que las personas del aquí y ahora quieren ayudar personalmente de forma individual.

EMPAREJANDO A LOS CONSERVADORES

La preferencia por un contacto cercano y personal que lleva a los conservadores a adoptar una postura de no intervención para ayudar a los pobres también hace que sean más propensos a establecer relaciones monógamas duraderas. El *New York Times* publicó que «pasar la infancia en casi cualquier parte del Estados Unidos azul,* sobre todo en bastiones liberales como Nueva York, San Francisco, Chicago, Boston y Washington, hace que las personas tengan un 10 % menos de probabilidades de casarse con respecto al resto del país». Además, cuando los liberales se casan, son más propensos a engañar.

Aparte de la caridad, la Encuesta Social General hizo asimismo un seguimiento del comportamiento sexual de los estadounidenses. A partir de 1991 empezaron a preguntar: «¿Ha tenido relaciones sexuales con una persona que no fuera su esposo o su esposa mientras estaba

---

* Los estados azules son demócratas, y los rojos, republicanos. (*N. de la t.*)

casado?». El doctor Kanazawa, que estudió la relación entre la ideología política y la inteligencia, analizó estos datos para averiguar quién era más propenso a responder sí a la pregunta. Entre quienes se identificaron como conservadores, el 14% había engañado a su cónyuge. El valor descendió ligeramente al 13% entre quienes se consideraban muy conservadores. Entre los liberales, un 24% dijo que había engañado a su pareja, y entre quienes se describían como muy liberales, el porcentaje de engaño fue del 26%. Se observó la misma tendencia cuando se analizaron por separado los datos para hombres y mujeres.

Los conservadores tenían menos relaciones sexuales que los liberales, probablemente porque los primeros son más propensos a tener relaciones de compañerismo en las que la oxitocina y la vasopresina inhiben la testosterona. Aunque el sexo pueda ser menos frecuente, las probabilidades de que ambos miembros de la pareja alcancen el orgasmo son mayores. Según un estudio denominado «Solteros en Estados Unidos», una encuesta en la que participaron más de 5.000 adultos y elaborada por el Instituto de Estudios Evolutivos de la Universidad de Binghamton, los conservadores son más propensos a alcanzar el orgasmo durante las relaciones sexuales que los liberales.

La doctora Helen Fisher, asesora científica principal de Match.com, conjeturó que a los conservadores se les daría mejor dejarse llevar, algo necesario para que se produzca el orgasmo. Según ella, esta capacidad se debería a que tienen unos valores más claros, lo que facilitaría la relajación. Esta explicación, que se basa en un vínculo entre unos valores claros y la desinhibición durante el orgasmo, puede que no sea la más sencilla. Tal vez haya otras más simples basadas en lo que sabemos sobre la neurobiología del sexo. A todas luces, dejarse llevar, algo necesario para que se produzca el orgasmo, es más fácil en una relación de confianza. Este tipo de relación es más habitual entre los conservadores del aquí y ahora que buscan la estabilidad, si los comparamos con los liberales dopaminérgicos que buscan lo novedoso. Además, la facultad para disfrutar de las sensaciones físicas del sexo en el momento presente requiere la inhibición de la dopamina por parte de neurotransmisores del aquí y ahora como las endorfinas y los endocanabinoides. Una mayor actividad en el sistema del aquí y ahora en relación con la dopamina hace que sea más sencillo lograr ese cambio.

El sitio web de citas OkCupid hizo su propia encuesta sobre el sexo y halló un dato interesante en cuanto al tipo de personas que apreciaban, o no, los orgasmos. Preguntaron: «¿Son los orgasmos la parte más importante de las relaciones sexuales?». Dividieron los datos según la afiliación política y profesional. Quienes se inclinaban más por responder no a la pregunta eran escritores, artistas y músicos de izquierdas.

Si eres muy dopaminérgico, como tienden a serlo los escritores, los artistas y los músicos, la parte más importante del sexo seguramente tiene lugar antes del acto principal. Es la conquista. Cuando un objeto del deseo imaginario se convierte en una persona real, cuando la esperanza se sustituye por la posesión, la función de la dopamina llega a su fin. La emoción ha desaparecido, y el orgasmo es decepcionante.

Por último, como cabría esperar al comparar a los liberales (con sus altos niveles de dopamina) con los conservadores (con sus altos niveles de neurotransmisores del aquí y ahora), estos últimos son más felices que los liberales. Un sondeo de Gallup realizado entre 2005 y 2007 reveló que el 66 % de los republicanos estaban muy satisfechos con su vida, frente a un 53 % de los demócratas. El 61 % de los republicanos se consideraban muy felices, pero menos de la mitad de los demócratas podían decir lo mismo. Del mismo modo, las personas casadas eran más felices que las solteras, y quienes iban a la iglesia eran más felices que quienes no iban.

El mundo rara vez es sencillo, eso sí. A pesar de los mayores índices de satisfacción conyugal, orgasmos más seguros y menos infidelidades, las parejas de los estados rojos son más propensas a divorciarse que las de los estados azules. También consumen más pornografía. Si bien estos resultados pueden parecer contradictorios, una explicación es que son fruto de un mayor énfasis cultural en la religión organizada. Las parejas de los estados rojos se ven presionadas a casarse antes, y es menos probable que convivan o tengan relaciones sexuales antes del matrimonio. Por consiguiente, la pareja media de un estado rojo tiene menos oportunidades de conocerse antes de casarse, lo que puede desestabilizar su matrimonio. Del mismo modo, reprobar las relaciones sexuales antes del matrimonio puede llevar a un mayor uso de la pornografía a fin de desahogarse sexualmente.

Hippies y evangélicos

Para añadir mayor complejidad, los partidos políticos son heterogéneos, están compuestos por grupos que tienen creencias opuestas. Entre los republicanos, hay defensores de un Gobierno mínimo que creen que hay que dejar que los ciudadanos tomen sus propias decisiones, sin el control de las leyes y las reglamentaciones. Pero también están los evangélicos políticamente activos que quieren hacer del país un lugar mejor legislando cuestiones morales. No sorprende que un grupo que se define a sí mismo por su culto a una entidad trascendente y destaca conceptos abstractos como la justicia y la misericordia tenga una visión de la vida más dopaminérgica. Su atención al crecimiento moral constante y a la vida después de la muerte reflejan también un enfoque hacia el futuro. Son los progresistas de la derecha.

En la izquierda hay *hippies* que valoran la sostenibilidad y no suelen ver con buenos ojos la tecnología; prefieren llevar una vida íntimamente conectada a la tierra. Son partidarios de vivir el aquí y ahora antes que buscar lo que no tienen. Son los conservadores de la izquierda que rechazan la flecha progresista en favor del círculo conservador.

Esta complejidad nos recuerda que, cuando se estudian las tendencias sociales, es importante estar atento y mantener una mente abierta. La inversión total de los resultados del estudio sobre política y rasgos de personalidad demuestra que los datos se pueden interpretar erróneamente y, aun así, aceptarse como correctos. Peor todavía, la calidad de los datos siempre es imperfecta, y la información recopilada a partir de las encuestas realizadas a miles de personas contendrán más errores que los datos de ensayos clínicos supervisados de cerca. Las encuestas dependen asimismo de la sinceridad de los encuestados. Es posible que los conservadores estuvieran menos dispuestos que los liberales a admitir la infidelidad conyugal o la infelicidad en su vida, lo cual habría alterado los resultados de la Encuesta Social General.

Otro problema es que la investigación científica puede ser contradictoria. Algunos estudios sobre la neurociencia del pensamiento político tienen un «gemelo malvado», por así decirlo, que, al abordar la misma cuestión, halla un resultado opuesto. En general, sin embargo, los datos avalan una tendencia política progresista entre las personas que tienen una personalidad más dopaminérgica, y otra conservadora entre quienes tienen niveles más bajos de dopamina y más altos de neurotransmisores del aquí y ahora.

El panorama general podría resumirse así: de media, los liberales son más propensos a ser progresistas, cerebrales, inconstantes, creativos e inteligentes y a estar insatisfechos. Los conservadores, en cambio, tienden a sentirse cómodos con las emociones y son fiables, estables, convencionales, menos intelectuales y felices.

El votante irracional y fidedigno

Aunque las personas muy conservadoras y muy liberales tienden a votar por la línea del partido, otros tienen unas ideologías más moderadas. Son los votantes independientes que están abiertos a que su inclinación política cambie. Influir en las opiniones de este grupo es fundamental para el éxito de una campaña, y la neurociencia puede arrojar luz sobre los mejores modos de hacerlo.

El arte de la persuasión se entrecruza con la neurociencia en el punto donde se toman las decisiones y se pasa a la acción, es decir, la intersección entre los circuitos de la dopamina del deseo y los de la dopamina del control, donde sopesamos las alternativas y tomamos decisiones sobre lo que creemos que será mejor para nuestro futuro. Tanto si cogemos una botella de detergente del estante del supermercado como si apostamos por un candidato político, da la impresión de que esto debería ser el terreno de la dopamina del control, que hace esta sencilla pregunta: ¿qué es lo mejor para mi futuro a largo plazo? Pero convencer a la dopamina del control, venciendo todos los argumentos en contra que inevitablemente surgen, es difícil con una pegatina en el parachoques o un anuncio televisivo de treinta segundos. Y, en cualquier caso, desde un punto de vista meramente práctico, casi con toda seguridad no vale la pena hacerlo. Las decisiones racionales son frágiles y siempre se prestan a revisión a medida que aparecen nuevos datos. La irracionalidad es más duradera, y tanto la vía de la dopamina del deseo como la de los neurotransmisores del aquí y ahora pueden aprovecharse de ello para llevar a las personas a tomar decisiones irracionales. Los medios más eficaces son el miedo, el deseo y la compasión.

El miedo puede ser el más eficaz de todos; por eso los anuncios de ataque, la publicidad que retrata al candidato de la oposición como peligroso, son tan populares. El miedo se dirige a nuestras inquietudes más primitivas: ¿puedo sobrevivir?, ¿estarán a salvo mis hijos?, ¿lograré mantener mi puesto de trabajo para poder pagar la comida y el alquiler? Sembrar el miedo es una parte indispensable de casi cualquier campaña política. Alentar a los estadounidenses a que se odien entre sí es un efecto colateral desafortunado.

¿POR QUÉ NOS DIVERTIMOS HASTA MORIR?

En el provocativo libro de 1985 *Divertirse hasta morir*, el estudioso de los medios de comunicación Neil Postman sostenía que el discurso político se estaba debilitando con el auge de la televisión. Observó que los telediarios habían adquirido por aquel entonces muchas de las características del entretenimiento. Citó al presentador de telediarios Robert MacNeil:

> La idea es mantener todo breve, no forzar la atención de nadie, sino que proporcione, en su lugar, una estimulación constante mediante la variedad, lo novedoso, la acción y el movimiento. Se requiere que el espectador no preste atención a concepto alguno, a ningún personaje ni a ningún problema, por más de unos pocos segundos a la vez.*

* Neil Postman, *Divertirse hasta morir. El discurso público en la era del «show business»*, traducción de Enrique Odell, Barcelona, Ediciones La Tempestad, 1991, p. 109. (*N. de la t.*)

Más de tres décadas después, pasa lo mismo con las noticias en internet. Incluso medios considerados serios meten decenas de titulares breves y sugestivos en sus páginas de inicio. La mayoría no son demasiado largos ni hay que pensar mucho al leerlos, sino que son vídeos cortos y logrados que se pueden reproducir.

Postman señaló que esto supone un profundo problema, pero no planteó ninguna conjetura sobre por qué preferimos el entretenimiento a una reflexión seria cuando debatimos las cuestiones importantes que debe abordar la nación. Treinta años después, la cuestión sigue ahí. De entre las infinitas formas que la tecnología de la comunicación podría haber adoptado, ¿por qué, al igual que en los telediarios, las noticias en internet antepusieron la brevedad y la novedad antes que un análisis en profundidad? ¿No merecen más atención los acontecimientos mundiales?

La respuesta está en la dopamina del deseo. Una historia corta y lograda destaca en el panorama, es prominente. Proporciona un subidón rápido de dopamina y atrae nuestra atención. Por tanto, hacemos clic en una decena de titulares sugestivos que nos llevan a vídeos de gatitos y nos saltamos un extenso texto sobre asistencia sanitaria. Este último es más relevante para nuestras vidas, pero el trabajo de procesar el texto no tiene parangón con el placer fácil de esos subidones de dopamina. La dopamina del control podría tratar de imponerse, pero siempre acaba dominada por el aluvión de lo novedoso y resplandeciente, que son las cosas que le dan popularidad a internet.

¿Adónde llevará esto? Al renacimiento de la crónica periodística, seguramente no. A medida que las historias de efecto rápido son cada vez más frecuentes en el ámbito de la información, han de ser más cortas y superficiales para poder competir. ¿Dónde termina una espiral así? Incluso las palabras tal vez ya no sean tan fundamentales. En la actualidad, la mayoría de los móviles disponen de algo más rápido y sencillo (y más burdo) para sustituir el texto escrito y llamar la atención: un emoji.

Quizá Postman desconociera la causa neurocientífica de todo esto, pero sí entendió sus consecuencias:

Y así, pasamos rápidamente a un entorno informativo que podría llamarse con razón Trivial Pursuit. Al igual que el juego del mismo nombre, usa los hechos como una fuente de diversión, como lo hacen nuestras fuentes de noticias. Se ha demostrado muchas veces que una cultura puede sobrevivir a la desinformación y la falsa opinión. Aún no se ha demostrado que una cultura pueda sobrevivir si le toma la medida al mundo en veintidós minutos. O si el valor de sus noticias se determina por el número de risas que ofrece.

Haber amado y perdido duele más

Además de incidir en las necesidades primarias, otra razón por la que el miedo funciona tan bien es la aversión a la pérdida, en el sentido de que el dolor por una pérdida es más fuerte que el placer que se deriva de obtener algo. Por ejemplo, el dolor por perder 20 dólares es mayor que el placer de ganar 20 dólares. Por eso la mayoría de las personas se niegan a jugarse una suma importante de dinero a cara o cruz. De hecho, la mayoría de la gente rechaza un premio de 30 dólares por una apuesta de 20. El premio debe ser el doble de la apuesta, 40 dólares en este caso, para que la mayoría acepten apostar.

Un matemático diría que, cuando existe un 50 % de posibilidades de ganar y el premio es mayor que la apuesta, la jugada tiene un valor neto positivo, por lo que deberías hacerla. (Es importante señalar que esto funciona solo si la apuesta es módica. Sería sensato apostar 20 dólares, que uno se gastaría yendo al cine, pero no 200 dólares, que son necesarios para pagar el alquiler.) Sin embargo, mucha gente rechaza la oportunidad de ganar 30 dólares jugándose 20. ¿Por qué?

Cuando los científicos llevaron a cabo escáneres cerebrales durante experimentos de apuestas, lo primero que analizaron, claro está, fue la dopamina. Vieron que la actividad neuronal en el circuito del deseo aumentaba después de ganar y disminuía después de perder, como sería de esperar. Pero los cambios no eran simétricos. La magnitud del descenso después de perder era mayor que el aumento después de ganar. El circuito dopaminérgico estaba reflejando la experiencia subjetiva. Las consecuencias de perder eran más importantes que las de ganar.

¿Qué rutas neuronales estaban detrás de este desequilibrio? ¿Qué estaba amplificando la reacción por la pérdida? Los investigadores dirigieron su atención al núcleo amigdalino, una estructura de los neurotransmisores del aquí y ahora que trata el miedo y otras emociones negativas. Cada vez que un voluntario perdía una apuesta, su núcleo amigdalino se activaba, intensificando las sensaciones de angustia. Lo que motivaba la aversión a la pérdida era una emoción del momento presente. Al sistema del aquí y ahora no le importa el futuro. No le importa lo que podríamos obtener. Le importa lo que tenemos en este instante. Y, cuando esas cosas se ven amenazadas, aparece la sensación de miedo y angustia.

Otros estudios arrojaron resultados parecidos. En un experimento, a los voluntarios se les asignó al azar una taza de café. La mitad del grupo recibió una y la otra mitad, no. Justo después de entregarles los cafés, los investigadores dieron a los voluntarios la oportunidad de hacer intercambios entre ellos: tazas a cambio de dinero. Se les dijo a quienes tenían las tazas que fijaran el precio que aceptarían, y a quienes las compraban, el que pagarían. Los poseedores de las tazas pidieron un precio medio de 5,78 dólares, mientras que los compradores ofrecieron una media de 2,21 dólares. Los vendedores eran reacios a desprenderse de las tazas. Los compradores eran reacios a desprenderse del dinero. Tanto los compradores como los vendedores eran reacios a deshacerse de lo que tenían.

La función básica del núcleo amigdalino en la aversión a la pérdida se confirmó por medio de algo llamado experimento de la naturaleza. Los experimentos de la naturaleza son enfermedades y lesiones que revelan partes importantes del saber científico. Son fascinantes porque acostumbran a representar «experimentos» que un científico consideraría muy poco éticos. Nadie le va a pedir a un cirujano que le abra la cabeza a alguien y le extirpe el núcleo amigdalino. Pero de vez en cuando ocurre por sí solo. En este caso, los científicos estudiaron a dos pacientes que tenían la enfermedad de Urbach-Wiethe, una dolencia infrecuente que destruye el núcleo amigdalino en ambos lados del cerebro. Cuando a estas personas se les presentaron unas apuestas, dieron la misma importancia a ganar que a perder. Sin el núcleo amigdalino, la aversión a la pérdida desapareció.

En cierto modo, la aversión a la pérdida es simple aritmética. Ganar tiene que ver con un futuro mejor, por lo que solo está involucrada la dopamina. La posibilidad de ganar obtiene un +1 de la dopamina. Recibe cero de los neurotransmisores del aquí y ahora, porque solo les interesa el presente. Perder también tiene que ver con el futuro, por lo que afecta a la dopamina, de la que recibe −1. Perder está relacionado asimismo con el aquí y ahora, porque afecta a cosas que poseemos en este momento. Así que los neurotransmisores del aquí y ahora le otorgan un −1. Al unirlos, se obtiene: ganar = +1, perder = −2, exactamente lo que vemos en las exploraciones cerebrales y los experimentos de apuestas.

El miedo, al igual que el deseo, es sobre todo un concepto de futuro, el terreno de la dopamina. No obstante, el sistema del aquí y ahora da un impulso al dolor por la pérdida en forma de activación del núcleo amigdalino, recompensando a nuestro sentido de la realidad cuando tenemos que tomar decisiones sobre el mejor modo de gestionar un riesgo.

¿OFRECER O PROTEGER?

A pesar de que la aversión a la pérdida es un fenómeno universal, existen diferencias entre grupos. En general, los liberales dopaminérgicos son más propensos a reaccionar a mensajes que ofrecen beneficios, como oportunidades para obtener más recursos, mientras que los conservadores del aquí y ahora tienen más probabilidades de reaccionar más a mensajes que ofrecen seguridad, como la capacidad para mantener lo que tienen en este momento. Los liberales respaldan políticas que creen que los conducirán a un futuro mejor, como la educación subvencionada, la planificación urbana y los proyectos tecnológicos financiados por el Gobierno. Los conservadores prefieren políticas que protejan su modo de vida actual, como el gasto en defensa, iniciativas de orden público y límites a la inmigración.

Tanto los liberales como los conservadores tienen sus motivos para centrarse más en las amenazas que en los beneficios; para ellos, tales motivos son conclusiones racionales a las que han llegado después de reflexionar y sopesar los datos. Seguramente eso no es cierto. Es más probable que haya una diferencia fundamental en la forma en que están conectados sus cerebros.

Investigadores de la Universidad de Nebraska seleccionaron un grupo de voluntarios en función de sus creencias políticas y determinaron su nivel de activación cerebral mientras les mostraban imágenes que suscitaban deseo o angustia. La activación cerebral se usa a veces para describir la excitación sexual, pero de manera más general sirve para medir el grado de implicación de una persona en lo que pasa a su alrededor. Cuando alguien muestra interés e implicación, su corazón late un poco más rápido, la tensión arterial aumenta ligeramente y las glándulas sudoríparas liberan pequeñas cantidades de sudor. Los médicos lo denominan respuesta simpática. La forma más común de determinar la respuesta simpática es colocar electrodos en el cuerpo y medir la facilidad con que fluye la electricidad. El sudor es agua salada, por lo que conduce la electricidad mejor que la piel seca. Cuanto más excitada está una persona, más fácilmente fluye la electricidad.

Después de colocar los electrodos a los voluntarios de la investigación, les mostraron tres fotografías inquietantes (una araña en el rostro de un hombre, una herida abierta con larvas y una muchedumbre enfrentándose a un hombre) y tres fotografías positivas (un niño feliz, un cuenco con fruta y un conejo adorable). Los liberales tenían una respuesta más fuerte a las fotos positivas; los conservadores, a las negativas. Dado que los investigadores estaban midiendo una reacción biológica —el sudor—, los voluntarios no podían controlar a propósito la respuesta. Se estaba midiendo algo más básico que la decisión racional.

A continuación, usaron un aparato de seguimiento visual para determinar cuánto tiempo pasaban los voluntarios mirando un *collage* de fotos (las positivas y las negativas se mostraban a la vez). Ambos grupos, liberales y conservadores, pasaron más tiempo mirando las imágenes negativas. Este resultado es acorde con el fenómeno universal de la aversión a la pérdida. No obstante, los conservadores pasaron mucho más tiempo viendo imágenes que causaban miedo, mientras que los liberales repartieron su atención de forma más equitativa. Los signos de aversión a la pérdida estaban presentes en ambos grupos, pero eran más pronunciados entre los conservadores.

TENEMOS MODOS PARA QUE TE VUELVAS CONSERVADOR

La relación entre el conservadurismo y la amenaza va en ambas direcciones. Los conservadores son más propensos que los liberales a centrarse en la amenaza. Al mismo tiempo, cuando personas de una u otra inclinación se sienten amenazadas, se vuelven más conservadoras. Es bien sabido que los ataques terroristas aumentan la popularidad de los candidatos conservadores. Pero incluso pequeñas amenazas, tan pequeñas que ni siquiera somos conscientes de ellas, empujan a la gente hacia la derecha.

Para evaluar la relación entre sutiles amenazas e ideología conservadora, los investigadores abordaron a estudiantes en un campus universitario y les pidieron que rellenaran una encuesta sobre sus ideas políticas. La mitad de los voluntarios estaban sentados en una zona junto a un desinfectante de manos, un recordatorio del riesgo de infección; se llevó a la otra mitad a una zona distinta. Quienes estaban sentados cerca del desinfectante de manos presentaron niveles más altos de conservadurismo moral, social y fiscal. Se obtuvo el mismo resultado cuando se pidió a un grupo aparte de estudiantes que usaran unas toallitas antisépticas antes de sentarse frente a un ordenador para responder a las preguntas de la encuesta. Cabe mencionar que las elecciones se celebran en época de gripe, y los microbios se propagan a través de las pantallas de las urnas electrónicas. Por ello no es raro ver dispensadores de desinfectante de manos en los colegios electorales a los que acuden los votantes.

El profesor Glenn D. Wilson, un psicólogo que estudia la influencia de la evolución en la conducta humana, bromeó diciendo que, durante el periodo electoral, los carteles de los baños que dicen «Los empleados deben lavarse las manos antes de volver al trabajo» son propaganda en favor del Partido Republicano.

Modulación neuroquímica
del juicio moral

Los fármacos también funcionan. Los científicos pueden hacer que la gente se comporte de forma más conservadora dándoles medicamentos que estimulen la serotonina, un neurotransmisor del aquí y ahora. En un experimento, se les administró a los voluntarios una única dosis de citalopram, un fármaco serotoninérgico que se usa habitualmente para tratar la depresión.[3] Des-

---

[3.]Tan solo una dosis de antidepresivo serotoninérgico no basta para afectar al estado de ánimo. Normalmente, se necesitan algunas semanas de dosis diarias para ver los efectos. La primera dosis hace

pués de tomar la medicación, se centraron menos en el concepto abstracto de justicia y más en proteger a las personas de posibles daños. Esto quedó demostrado por su comportamiento en algo denominado el «juego del ultimátum». Así es como funciona:

En el juego del ultimátum intervienen dos jugadores. A un jugador, llamado el proponente, se le da una cantidad de dinero (por ejemplo, 100 dólares) y se le pide que lo comparta con el otro jugador, que es el respondedor. El proponente puede ofrecer al respondedor lo que quiera, mucho o poco. Si el respondedor acepta la oferta del proponente, ambos se quedan con el dinero. Por otro lado, si el respondedor rechaza la oferta, ninguno de los jugadores obtiene nada. Solo se juega una vez. Cada jugador tiene una única oportunidad.

Un respondedor totalmente racional aceptaría cualquier oferta, incluso un dólar. Si la acepta, está en mejor situación financiera que antes. Pero si rechaza la oferta, no gana nada. Por lo tanto, rechazar cualquier oferta, al margen de lo pequeña que sea, va en contra de su propio interés económico. Sin embargo, en realidad, las ofertas bajas se rechazan porque ofenden nuestro sentido del juego limpio. Una oferta baja hace que tengamos ganas de castigar al proponente, darle una lección causándole un daño económico. De media, los respondedores tien-

---

que el nivel de serotonina en el cerebro aumente, pero, después de algunas semanas de tratamiento, las cosas se complican. Cuando la depresión empieza a desaparecer, el cerebro se ha adaptado a la medicación de tal manera que el sistema serotoninérgico es más activo en algunas zonas y menos en otras. En realidad, nadie sabe cómo los antidepresivos mejoran el estado de ánimo.

den a castigar a los proponentes que ofrecen un 30 % o menos del dinero que les pidieron que compartieran.

Esa cifra, 30 %, no es inamovible. Personas distintas, bajo condiciones diferentes, tomarán decisiones distintas. Investigadores de la Universidad de Cambridge y la Universidad de Harvard descubrieron que los voluntarios a los que se les administró citalopram tenían el doble de probabilidades de aceptar ofertas bajas. Combinando estos resultados con los de otras pruebas de juicio moral y conducta, los investigadores determinaron que quienes recibieron citalopram eran reacios a perjudicar al proponente al rechazar su oferta. Vieron el efecto contrario cuando administraron a los voluntarios un fármaco que reducía los niveles de serotonina: estaban más dispuestos a perjudicarlo en favor del bien común del respeto a las normas de justicia.

Los investigadores concluyeron que el fármaco que estimulaba la serotonina aumentaba lo que denominaban aversión al daño. El aumento de la serotonina aleja el juicio moral de un objetivo abstracto (respeto a la justicia) para evitar tomar medidas que puedan perjudicar a alguien (privar al proponente de su parte del dinero). Si recordamos el dilema del tranvía, la estrategia lógica es matar a una persona para salvar a cinco, mientras que la estrategia de la aversión al daño consiste en negarse a quitarle la vida a alguien por el bien de otras personas. Usar fármacos para influir en estas decisiones tiene el inquietante nombre de modulación neuroquímica del juicio moral.

La dosis única de citalopram hacía que las personas estuvieran más dispuestas a perdonar conductas injustas y menos dispuestas a ver el daño a otra persona como algo admisible, una actitud acorde con un predominio de los neurotransmisores del aquí y ahora. Los investigadores denominaron esta conducta *prosocial a nivel individual*. *Prosocial* es un término que significa 'disposición a ayudar a los demás'. Rechazar ofertas injustas recibe el nombre de *prosocial a nivel grupal*. Castigar a quienes hacen ofertas injustas fomenta la ecuanimidad, que beneficia a la comunidad en su conjunto, lo que es más acorde con una estrategia dopaminérgica.

¿Deberían quedarse o marcharse?

Este contraste entre individuo y grupo se refleja en el debate sobre la inmigración. Los conservadores tienden a centrarse en grupos más pequeños, como las personas, la familia y el país, mientras que los liberales son más propensos a centrarse en el mayor grupo de todos: la comunidad mundial de hombres y mujeres. A los conservadores les interesan los derechos individuales, y algunos apoyan la idea de construir muros para mantener alejados de su país a los inmigrantes irregulares. Los liberales consideran que las personas están interrelacionadas, y algunos hablan de abolir por completo las leyes de inmigración. Pero ¿qué ocurre en verdad cuando llegan los inmigrantes, cuando pasan de una idea a una realidad, de lo distante y abstracto a justo aquí al lado? No hay estudios a gran escala que respondan a esta cuestión, pero hay indicios aislados de que la experiencia del aquí y ahora del contacto directo da resultados distintos en comparación con la experiencia dopaminérgica de la implantación de políticas.

En 2012, el *New York Times* informó sobre un grupo llamado Unoccupy Springs, que había surgido en la zona muy liberal y acaudalada de los Hamptons. El grupo defendía medidas enérgicas contra los inmigrantes no emparentados entre sí que atestaban casas unifamiliares, lo que violaba el código de la vivienda local. El grupo Unoccupy sostenía que sus nuevos vecinos estaban saturando las escuelas y haciendo bajar el valor de los inmuebles. De modo análogo, un estudio del Dartmouth College reveló que, en comparación con los estados republicanos, los estados demócratas tienen más restricciones para acceder a una vivienda que disuaden la inmigración de personas con escasos recursos. Entre estas restricciones están limitar el número de familias que pueden vivir en una misma vivienda y regular los usos a los que se destinan los inmuebles, que reducen la oferta de viviendas asequibles.

Los economistas Edward Glaeser, de Harvard, y Joseph Gyourko, de la Universidad de Pensilvania, analizaron los efectos de la zonificación en el acceso a la vivienda. Vieron que, en gran parte del país, el coste de la vivienda se acerca mucho al precio de construcción, pero que es considerablemente más alto en California y en algunas ciudades de la costa este. Señalan que, en estas áreas, las autoridades responsables de la zonificación encarecen muchísimo las nuevas construcciones, hasta un 50 % más en las zonas urbanas, que, por otro lado, son las que prefieren los inmigrantes.

Las trabas que excluyen a los inmigrantes empobrecidos recuerdan a la declaración de Einstein: «Mi sentido apasionado de la justicia social y la responsabilidad social siempre ha contrastado de manera extraña con mi acentuada falta de necesidad de contacto directo con otros seres humanos». Los conservadores parecen ser lo contrario. Quieren expulsar de este país a los inmigrantes irregulares para evitar lo que temen que será una transformación fundamental de su cultura. No obstante, la aversión al daño los empuja a ocuparse de los que están aquí.

William Sullivan, escritor de la publicación conservadora *American Thinker*, señaló, en medio del debate sobre la inmigración, que dirigentes conservadores destacados iban a ir a la frontera mexicana para ayudar a grupos religiosos a prestar asistencia, como comidas calientes, agua y un tráiler lleno de ositos de peluche y balones de fútbol. Algunos consideraron este acto mera propaganda, pero es acorde con una visión global de la vida que hace hincapié en la aversión al daño: proteger el *statu quo* al tiempo que se protege a las personas que están en peligro.

De manera opuesta y complementaria, liberales y conservadores quieren ayudar a los inmigrantes sin recursos. Al mismo tiempo, ambos desean mantenerlos a distancia.

TENEMOS MODOS PARA QUE TE VUELVAS LIBERAL

Si introducir amenazas en el medio hace que la gente sea más conservadora, ¿se puede hacer que se vuelvan más liberales haciendo lo contrario? La doctora Jaime Napier, experta en ideologías políticas y religiosas, vio que la respuesta es sí y que no hace falta insistir mucho. Del mismo modo que los investigadores aumentaron el conservadurismo con el empujoncito de poner cerca un desinfectante de manos, la doctora Napier logró que la gente fuera más liberal con un sencillo ejercicio de imaginación. Les dijo a los conservadores que imaginaran que tenían superpoderes que hacían imposible que sufrieran daños. Análisis posteriores de la ideología política mostraron que se volvían más liberales. Reducir los sentimientos de vulnerabilidad, lo que inhibía el miedo a la pérdida aquí y ahora, dejaba que la dopamina, el agente del cambio, se activara y desempeñara un papel más importante en la determinación de la ideología.

¿Qué pasa con el acto de imaginar por sí solo? Imaginar es una actividad dopaminérgica porque tiene que ver con cosas que carecen de existencia física. ¿Contribuía la simple activación del sistema dopaminérgico por medio del ejercicio de imaginar a un cambio hacia la izquierda en las ideas políticas? Un estudio aparte sugiere que así es.

El pensamiento abstracto es una de las funciones principales del sistema dopaminérgico, nos permite ir más allá de la observación sensorial de los acontecimientos para crear un modelo que explique por qué estos se están produciendo. Una descripción basada en los sentidos se centra en el mundo físico: cosas que realmente existen. El término técnico para este tipo de pensamiento es *concreto*. Es una función del aquí y ahora, y los científicos lo llaman pensamiento de bajo nivel. El pensamiento abstracto se denomina de alto nivel. Un grupo de científicos se cuestionaron si quienes tendían a pensar de manera concreta serían más hostiles a los grupos distintos a ellos —personas a las que percibían como una amenaza a la estabilidad de su modo de vida—, como los gais, las lesbianas, los musulmanes o los ateos.

A los voluntarios que participaron en la investigación se les dieron dos descripciones de acciones, como llamar a un timbre. Tenían que elegir la mejor descripción. Una era concreta (llamar a un timbre consiste en mover un dedo) y la otra, abstracta (llamar a un timbre es ver si hay alguien en casa). Después les pidieron que valoraran sus sentimientos de agrado y simpatía hacia los gais, las lesbianas, los musulmanes y los ateos. Observaron una relación directa entre elegir descripciones concretas y referir valores inferiores de agrado y simpatía.

El siguiente paso fue ver si estos sentimientos se podían manipular estimulando a los voluntarios a que pensaran de forma abstracta. Eligieron el tema del ejercicio físico, una cuestión que no tenía nada que ver con la aceptación de grupos que supusieran una posible amenaza. Los investigadores pidieron a los voluntarios que pensaran acerca de mantener una buena salud física. Luego se les pidió a la mitad de ellos que describieran cómo lo harían (concreto) y a la otra mitad que describieran por qué es importante (abstracto). Describir el cómo no afectaba a las actitudes, pero describir el porqué acrecentaba en los voluntarios conservadores la sensación de agrado y simpatía por los grupos desconocidos, hasta el punto de que no había una diferencia significativa entre sus actitudes y las de los liberales.

Activar las vías dopaminérgicas es un modo de hacer que los conservadores piensen más como los liberales.

Pero podemos hacer algo parecido aprovechando los mismos circuitos que hacen que los conservadores actúen de manera conservadora: los circuitos del aquí y ahora, en particular los que nos permiten sentir empatía. Esta estrategia usa los puntos fuertes conservadores por excelencia para generar una mayor aceptación de las personas consideradas una amenaza de cambio.

Volvamos a la aparente contradicción de los conservadores que defienden la expulsión de inmigrantes irregulares como grupo al tiempo que les proporcionan comida, agua y juguetes. Los conservadores del aquí y ahora pueden ser hostiles a la idea de la inmigración, pero tienen una habilidad innata para conectar de forma empática con los inmigrantes reales. Esta habilidad, que podría considerarse incluso un impulso inconsciente, la han usado escritores de Hollywood para aumentar la aceptación de lesbianas, gais, transgénero y bisexuales (LGTB) por medio del poder del relato.

Desarrollamos relaciones emocionales con los personajes de las historias. Si el relato está bien escrito, los sentimientos que tenemos por los personajes pueden ser muy parecidos a los que tenemos por la gente real. La Alianza Gay y Lésbica contra la Difamación (GLAAD, por sus siglas en inglés) señala:

> La televisión no solo ha reflejado los cambios en las actitudes sociales; también ha desempeñado un papel importante en propiciarlos. Una y otra vez se ha demostrado que conocer personalmente a una persona LGTB es uno de los factores que más influyen en cambiar el punto de vista personal sobre las cuestiones LGTB, pero, a falta de

ello, muchos espectadores nos han llegado a conocer por medio de personajes televisivos.

Según el informe anual de la GLAAD sobre la diversidad de la televisión en horario de máxima audiencia, el número de personajes habituales identificados como gais, lesbianas o bisexuales es cada vez mayor. En el sondeo más reciente, realizado en 2015, era del 4 %. Es más o menos igual que el 3,8 % de los estadounidenses que se consideran LGTB según una encuesta reciente de Gallup. La cadena con el mayor porcentaje era la Fox, donde el 6,5 % de los personajes habituales en horario de máxima audiencia eran LGTB.

Estos personajes de ficción influyen sin duda alguna en las actitudes de los telespectadores. Un sondeo realizado por *The Hollywood Reporter* reveló que el 27 % de los encuestados dijeron que la televisión que incluye LGBT hacía que defendieran con más ahínco el matrimonio entre personas del mismo sexo. Cuando se analizaron los resultados en función de cómo habían votado los espectadores en las elecciones presidenciales de 2012, el 13 % de los votantes de Romney dijeron que ver los programas televisivos había hecho que estuvieran más a favor de los matrimonios entre personas del mismo sexo. Transformar los grupos abstractos en personas concretas es un buen modo de activar los circuitos de la empatía de los neurotransmisores del aquí y ahora.

UNA NACIÓN GOBERNADA POR IDEAS
(A TRAVÉS DE LA BIOLOGÍA)

[Según] Ashleymadison.com, un sitio web de citas para personas casadas
que buscan aventuras extramatrimoniales, [Washington D. C.] encabezó
una lista que clasificaba las ciudades más adúlteras del país por tercer año
consecutivo. Y ¿el barrio con más infieles? Capitol Hill, el territorio
de políticos, personal de la Casa Blanca y miembros de grupos de presión.
Washington Post, 20 de mayo de 2015

La esencia de gobernar es el control. La población puede someterse al control como resultado de una conquista o renunciar voluntariamente a su libertad a cambio de protección. De cualquier manera, a algunas personas se les otorga el poder para imponer su autoridad al resto de la población. Es una actividad dopaminérgica, porque el pueblo se gobierna a distancia por medio de leyes abstractas. Aunque se usa la amenaza de la violencia del aquí y ahora para hacer cumplir la ley, la mayoría de las personas nunca llegan a experimentarla. Se someten a las ideas, no a la fuerza física.

Dado que gobernar es por naturaleza dopaminérgico, los liberales tienden a entusiasmarse más que los conservadores del aquí y ahora. Si quinientos liberales marchan por la calle, seguramente estén organizando una protesta. Si son conservadores, es más probable que estén haciendo un desfile. Además de su entusiasmo por participar en la vida política, los liberales también son más propensos a hacer carrera en políticas públicas, y a menudo se sienten atraídos por ámbitos como el periodismo, donde participan del proceso político a diario.

Los conservadores, en cambio, suelen desconfiar más del Gobierno, sobre todo del que actúa a cierta distancia. Los conservadores tienden a preferir los Gobiernos locales, con el poder en manos del estado o a nivel local en lugar de federal.

La distancia importa. Volviendo al dilema del tranvía, es más fácil aprovechar al máximo los recursos cuando se dejan las emociones al margen. Empujar a una persona a las vías para detener un tren es casi imposible. Pulsar un interruptor desde lejos es más fácil. De modo parecido, muchas leyes que benefician a ciertas personas perjudican a otras. Cuanto más te alejas, más fácil es tolerar cierto grado de daño por el bien común. La distancia aísla a los políticos de las consecuencias inmediatas de sus decisiones. Subir los impuestos, recortar los fondos, enviar a alguien a la guerra...; la persona que lleva a casa menos ingresos, recibe menos ayuda o se refugia en su madriguera rara vez estará al lado de quien lo ha puesto en esa situación, siempre y cuando esa persona esté en Washington D. C. Los circuitos del aquí y ahora no tienen ninguna oportunidad de provocar emociones angustiosas que dificulten tomar esas decisiones.

POR QUÉ WASHINGTON SIEMPRE TIENE QUE «HACER ALGO»

Además de la distancia, otro aspecto en el que el Gobierno es básicamente dopaminérgico tiene que ver con «hacer algo». Es casi inaudito que un político prometa en una campaña que llegará a Washington y no hará nada. La política tiene que ver con el cambio, y el cambio está impulsado por la dopamina. Cada vez que ocurre una tragedia, el clamor aumenta: «¡Haced algo!». Así pues, la seguridad aeroportuaria se refuerza después de un ataque terrorista, a pesar de que los datos indican que los rituales largos y humillantes que deben soportar los viajeros en realidad no aumentan la seguridad. Los agentes encubiertos de la Administración de Seguridad en el Transporte que ponen a prueba el sistema casi siempre logran pasar armas por los controles. Sin embargo, el mandato de hacer algo se cumple.

Según GovTrack.us, el Gobierno federal ha promulgado entre doscientas y ochocientas leyes durante cada sesión bienal del Congreso desde 1973. Son muchas leyes, pero no es nada comparado con lo que los políticos han intentado hacer. Durante estas sesiones, el Congreso ha intentado aprobar entre ocho mil y veintiséis mil leyes. Cuando el pueblo cree que se debería hacer algo, los políticos están encantados de complacerlo.

Este deseo de controlar es inevitable. Algunas personas en Washington se autodenominan liberales y otras dicen ser conservadoras, pero casi todos los que están metidos en política son dopaminérgicos. De lo contrario, no podrían salir elegidos. Las campañas políticas exigen una gran motivación. Requieren una disposición a sacrificar todo con tal de conseguir el éxito. Las numerosas horas pasan factura a la vida familiar, sobre todo. Las personas del aquí y ahora, para quienes las relaciones con los seres queridos son una prioridad, no pueden tener éxito en la política. En el Reino Unido, la tasa de divorcio entre los miembros del Parlamento es el doble que entre la población en general. En Estados Unidos, es habitual que los miembros del Congreso vivan en Washington, mientras que sus familias se quedan en sus estados de origen. Rara vez ven a sus cónyuges, y hay un montón de personal joven de la Casa Blanca enamorado del poder que puede satisfacer sus deseos dopaminérgicos. Para un político, las relaciones no son para disfrutarlas; tienen un fin, ya sea salir elegido, aprobar un proyecto de ley o satisfacer un impulso biológico. Como declaró el presidente Harry Truman: «Si quieres un amigo en Washington, cómprate un perro».

CANDIDATO CONSERVADOR, LEGISLADOR LIBERAL

La necesidad de ser dopaminérgico con el fin de salir elegido es un problema para los conservadores, ya que tener políticos dopaminérgicos representa que los elementos del aquí y ahora no siempre funcionan bien. Durante los últimos años, los conservadores se han sentido cada vez más frustrados por el llamado grupo de poder republicano, que hace campaña con promesas para reducir el Gobierno, pero al final acaban aumentándolo. El Tea Party (Partido del Té) es la manifestación más visible de esta frustración. Este grupo conservador generó un entusiasmo inusual; sin embargo, hasta la fecha, ha sido incapaz de lograr su objetivo de ralentizar el crecimiento del Gobierno.

Tal vez dicho crecimiento no se detenga nunca. El mandato de la dopamina es «más». El cambio, que representa ya sea el progreso o la pérdida de la tradición, dependiendo del punto de vista de cada uno, es inevitable. Solo los circuitos del aquí y ahora pueden provocar sentimientos de satisfacción, sentimientos de que se ha alcanzado el final y es hora de parar. Las endorfinas, los endocanabinoides y otros neurotransmisores del aquí y ahora nos dicen que hemos hecho nuestro trabajo y ha llegado el momento de saborear los frutos de nuestro esfuerzo. Pero la dopamina inhibe estas sustancias químicas. La dopamina no descansa nunca. El juego de la política tiene lugar veinticuatro horas al día, siete días a la semana, y tomarse un respiro o pronunciar la palabra «¡basta!» conduce al fracaso.

Esto no quiere decir que un Gobierno más amplio sea necesariamente malo. El aumento del poder ejercido para el bien público puede influir de manera positiva en la vida de millones de personas. Si el Gobierno es benevolente y eficaz, aumentar el poder centralizado puede ayudar a salvaguardar los derechos de los débiles y sacar a los indigentes de la pobreza. Puede proteger a los trabajadores y a los consumidores de la explotación por parte de empresas poderosas. Pero si los políticos aprueban leyes que redundan en su propio beneficio y no en el de sus votantes, si la corrupción está generalizada o si los legisladores no saben lo que están haciendo, la libertad y la prosperidad se verán afectadas.

Tradicionalmente, el único modo de invertir la expansión del poder ha sido sustituir el cambio gradual por el cambio cataclísmico en forma de revolución. John Calhoun, senador y vicepresidente de Carolina del Sur en el siglo XIX, demostró conocer el tipo de persona que juega al juego del poder —tanto si el jugador es un rebelde como un tirano— cuando dijo que es más fácil obtener la libertad que conservarla. Los rebeldes son dopaminérgicos y los políticos son dopaminérgicos. El objetivo de ambos es el cambio.

No te dejes engañar otra vez

Al final, el obstáculo fundamental para conseguir la armonía es que el cerebro liberal es distinto del cerebro conservador, y eso hace que les cueste entenderse entre sí. Dado que la política es un juego de confrontación, esta falta de entendimiento lleva a la demonización de la parte contraria. Los liberales creen que los conservadores quieren devolver el país a la época en que se trataba a las minorías de forma flagrantemente injusta. Los conservadores creen que los liberales quieren aprobar leyes represivas que controlarán todos los aspectos de su vida.

En realidad, la gran mayoría de las personas en ambos bandos de la brecha política quieren lo mejor para todos los estadounidenses. Hay excepciones; en todas partes hay gente mala, y es la gente mala la que es noticia. Interesa más que la buena gente, y es útil como arma política. Pero no representa al demócrata o al republicano típico.

Muchos conservadores solo quieren que los dejen en paz. Quieren ser libres de tomar sus propias decisiones en función de sus propios valores. Muchos liberales quieren ayudar a la gente a vivir mejor. Su objetivo es que todos tengan más salud y seguridad y nadie sufra discriminación. Pero los dirigentes políticos siembran la hostilidad entre los dos grupos porque así se fortalece la lealtad de sus seguidores. Es importante recordar que los liberales quieren ayudar a que la población sea mejor; los conservadores quieren dejar que la población sea feliz; y los políticos quieren el poder.

Lecturas complementarias

Amodio, D. M., Jost, J. T., Master, S. L. y Yee, C. M. (2007), «Neurocognitive correlates of liberalism and conservatism», *Nature Neuroscience*, 10(10), 1246-1247.

Bai, M. (29 de junio de 2017), «Why Pelosi should go—and take the '60s generation with her». *Matt Bai's Political World*. Obtenido en: <www.yahoo.com/news/pelosi-go-take-60s-genera tion-090032524.html>.

Brooks, A., *Who really cares?: The surprising truth about compassionate conservatism*, Nueva York, Basic Books, 2006.

Cahn, N. y Carbone, J., *Red families v. blue families: Legal polariza-tion and the creation of culture*, Oxford, Oxford University Press, 2010.

Carroll, J. (31 de diciembre de 2007), «Most Americans "very sa-tisfied" with their personal lives», Gallup.com. Obtenido en: <http://www.gallup.com/poll/103483/most-americans-very-satisfied-their-personal-lives.aspx>.

Crockett, M. J., Clark, L., Hauser, M. D. y Robbins, T. W. (2010), «Serotonin selectively influences moral judgment and behavior through effects on harm aversion», *Proceedings of the National Academy of Sciences*, 107(40), 17433-17438.

De Martino, B., Camerer, C. F. y Adolphs, R. (2010), «Amygdala damage eliminates monetary loss aversion», *Proceedings of the National Academy of Sciences*, 107(8), 3788-3792.

Dodd, M. D., Balzer, A., Jacobs, C. M., Gruszczynski, M. W., Smith, K. B. y Hibbing, J. R. (2012), «The political left rolls with the good and the political right confronts the bad: Con-necting physiology and cognition to preferentes», *Philosophical Transactions of the Royal Society B: Biological Sciences*, 367(1589), 640-649.

Dunne, C. (14 de julio de 2016), «Liberal artists don't need or-gasms, and other findings from OkCupid», Hyperallergic. Obtenido en: <http://hyperallergic.com/311029/liberal-artists-dont-need-orgasms-and-other-findings-from-okcupid/>.

EBSTEIN, R. P., MONAKHOV, M. V., LU, Y., JIANG, Y., SAN LAI, P. y CHEW, S. H. (agosto de 2015), «Association between the dopamine D4 receptor gene exon III variable number of tandem repeats and political attitudes in female Han Chinese», *Proceedings of the Royal Society B*, 282(1813), 20151360.

EDELMAN, B. (2009), «Red light states: Who buys online adult entertainment?», *Journal of Economic Perspectives*, 23(1), 209-220.

EYSENCK, H. J. (1993), «Creativity and personality: Suggestions for a theory», *Psychological Inquiry*, 4(3), 147-178.

FERENSTEIN, G. (8 de noviembre de 2015), «Silicon Valley represents an entirely new political category». TechCrunch. Obtenido en: <https://techcrunch.com/2015/11/08/silicon-valley-represents-an-entirely-new-political-category/>.

FLANAGAN, C. (septiembre de 2015), «That's not funny! Today's college students can't seem to take a joke», *The Atlantic*.

GIVING USA (2012), *The annual report on philanthropy for the year 2011*, Chicago, Giving USA Foundation.

GIVING USA (29 de junio de 2017), «Giving USA: Americans donated an estimated $358.38 billion to charity in 2014; highest total in report's 60-year history» [Nota de prensa]. Obtenido en: <https://givingusa.org/giving-usa-2015-press-release-giving-usa-americans-donated-an-estimated-358-38-billion-to-charity-in-2014-highest-total-in-reports-60-year-history/>.

GLAAD (2013), *2013 Network Responsibility Index*. Obtenido en: <http://glaad.org/nri2013>.

GLAESER, E. L. y GYOURKO, J. (2002), *The impact of zoning on housing affordability* (Documento de trabajo n.º 8835), Cambridge, MA, National Bureau of Economic Research.

GOVTRACK (s. f.), «Statistics and historical comparison». Obtenido en: <https://www.govtrack.us/congress/bills/statistics>.

GRAY, N. S., PICKERING, A. D. y GRAY, J. A. (1994), «Psychoticism and dopamine D2 binding in the basal ganglia using single photon emission tomography», *Personality and Individual Differences*, 17(3), 431-434.

HARRIS, E. (2 de julio de 2012), «Tension for East Hampton as immigrants stream in», *The New York Times*. Obtenido en: <http://www.nytimes.com/2012/07/03/nyregion/east-hampton-chafes-under-influx-of-immigrants.html>.

HELZER, E. G. y PIZARRO, D. A. (2011), «Dirty liberals! Reminders of physical cleanliness influence moral and political attitudes», *Psychological Science*, 22(4), 517-522.

«How states compare and how they voted in the 2012 election» (5 de octubre de 2014), *The Chronicle of Philanthropy*. Obtenido en: <https://www.philanthropy.com/article/How-States-ComparHow/152501>.

KAHNEMAN, D., KNETSCH, J. L. y THALER, R. H. (1991), «Anomalies: The endowment effect, loss aversion, and status quo bias», *Journal of Economic Perspectives*, 5(1), 193-206.

KANAZAWA, S. (2010), «Why liberals and atheists are more intelligent», *Social Psychology Quarterly*, 73(1), 33-57.

KANAZAWA, S. (2017), «Why are liberals twice as likely to cheat as conservatives?», *Big Think*. Obtenido en: <http://hardwick.fi/E%20pur%20si%20muove/why-are-liberals-twice-as-likely-to-cheat-as-conservatives.html>.

KERTSCHER, T. (30 de diciembre de 2017), «Anti-poverty spending could give poor $22,000 checks, Rep. Paul Ryan says». Politifact. Obtenido en: <http://www.politifact.com/wisconsin/statements/2012/dec/30/paul-ryan/anti-poverty-spending-could-give-poor-22000-checks/>.

KONOW, J. y EARLEY, J. (2008), «The hedonistic paradox: Is homo economicus happier?», *Journal of Public Economics*, 92(1), 1-33.

KRISTOF, N. (7 de mayo de 2016), «A confession of liberal intolerance», *The New York Times*. Obtenido en: <http://www.nytimes.

com/2016/05/08/opinion/sunday/a-confession-of-liberal-into
lerance.html>.

LABER-WARREN, E. (2 de agosto de 2012), «Unconscious reac-
tions separate liberals and conservatives», *Scientific American*.
Obtenido en: <http://www.scientificamerican.com/article/ca
lling-truce-political-wars/>.

LEONHARDT, D. y QUEALY, K. (15 de mayo de 2015), «How your
hometown affects your chances of marriage. The Upshot»
[entrada de blog]. Obtenido en: <https://www.nytimes.com/
interactive/2015/05/15/upshot/the-places-that-discouragema
rriage-most.html>.

LUGURI, J. B., NAPIER, J. L. y DOVIDIO, J. F. (2012), «Reconstruing
intolerance: Abstract thinking reduces conservatives' prejudice
against nonnormative groups», *Psychological Science*, 23(7), 756-
763.

MATCH.COM (2012), «Match.com presents Singles in America
2012», *Up to Date* [blog]. Obtenido en: <http://blog.match.
com/sia/>.

MOODY, C. (20 de febrero de 2017), «Political views behind the
2015 Oscar nominees». CNN. Obtenido en: <http://www.cnn.
com/2015/02/20/politics/oscars-political-donations-crowd
pac/>.

POST, S. G. (2005), «Altruism, happiness, and health: It's good to
be good», *International Journal of Behavioral Medicine*, 12(2),
66-77.

REAL CLEAR POLITICS (9 de julio de 2014), «Glenn Beck: I'm brin-
ging soccer balls, teddy bears to illegals at the border». Obtenido en: <http://www.realclearpolitics.com/video/2014/07/09/
glenn_beck_im_bringing_soccer_balls_teddy_bears_to_ille
gals_at_the_border.html>.

ROBB, A. E., DUE, C. y VENNING, A. (16 de junio de 2016), «Explo-
ring psychological wellbeing in a sample of Australian actors»,
Australian Psychologist.

SCHITTENHELM, C. (2016), «What is loss aversion?», *Scientific American Mind*, 27(4), 72-73.

SETTLE, J. E., DAWES, C. T., CHRISTAKIS, N. A. y FOWLER, J. H. (2010), «Friendships moderate an association between a dopamine gene variant and political ideology», *The Journal of Politics*, 72(4), 1189-1198.

VERHULST, B., EAVES, L. J. y HATEMI, P. K. (2012), «Correlation not causation: The relationship between personality traits and political ideologies», *American Journal of Political Science*, 56(1), 34-51.

WILSON, M. R. (23 de agosto de 2010), «Not just News Corp.: Media companies have long made political donations». Blog de *OpenSecrets*. Obtenido en: <https://www.opensecrets.org/news/2010/08/news-corps-million-dollar-donation/>.

... el principio está donde nace el final.

CATHERYNNE M. VALENTE, escritora

6

PROGRESO

¿Qué pasa cuando el siervo
se convierte en el amo?

**En donde la dopamina garantiza
la supervivencia de los primeros seres humanos
y la extinción de la especie humana.**

EL ÉXODO DE ÁFRICA

Los seres humanos modernos evolucionaron en África
hace 200.000 años y empezaron a extenderse por otras
partes del mundo unos 100.000 años después. Esta migración fue fundamental para la supervivencia de la especie humana, y hay pruebas genéticas que indican que
estuvimos a punto de no conseguirlo. Una de las características atípicas del genoma humano es que hay mucha
menos variabilidad de una persona a otra en compara-

ción con otras especies de primates como los chimpancés y los gorilas. Este alto nivel de similitud genética sugiere que todos descendemos de un número de antepasados relativamente pequeño. En realidad, en una fase temprana de nuestra historia evolutiva, acontecimientos desconocidos acabaron con numerosos seres humanos y la población se redujo a menos de veinte mil, lo que supuso un grave riesgo de extinción.

Ese suceso que nos llevó casi a la extinción ilustra por qué la migración es tan importante. Cuando una especie se concentra en un área pequeña, existen muchas maneras por las que toda la población puede desaparecer. Las sequías, las enfermedades y otras catástrofes pueden causar fácilmente la extinción. Dispersarse por muchas regiones, por otro lado, es como una póliza de seguro. La destrucción de una población no da lugar a una extinción total.

Según el aspecto y la frecuencia de los marcadores genéticos en las poblaciones modernas, los científicos calculan que los hombres primitivos se extendieron por Asia hace 75.000 años. Llegaron a Australia hace 46.000 años y alcanzaron Europa hace 43.000 años. La migración a América del Norte se produjo más tarde, en algún momento entre 30.000 y 14.000 años atrás. En la actualidad, los seres humanos ocupan casi cada esquina del mundo, pero no porque reconocieran la amenaza y se dispersaran.

El gen aventurero

Investigaciones en ratones han demostrado que los fármacos que estimulan la dopamina también aumentan la conducta exploradora. Los ratones a los que se les dan estos fármacos se mueven más en sus jaulas y son menos asustadizos cuando entran en medios desconocidos. Así pues, ¿podría haber ayudado la dopamina a impeler a los primeros hombres a salir de África y dispersarse por el mundo? Para responder a esta pregunta, científicos de la Universidad de California recopilaron datos de doce estudios que determinaron la frecuencia de los genes dopaminérgicos en distintos lugares del mundo.

Se concentraron en el gen que le dice al organismo cómo producir el receptor dopaminérgico D4 (DRD4). Tal vez recuerdes que los receptores dopaminérgicos son proteínas que se fijan en la superficie externa de las células cerebrales. La labor de un receptor dopaminérgico es esperar a que aparezca una molécula de dopamina y unirse a ella. La unión provoca una secuencia en cadena de reacciones químicas dentro de la célula que cambia el modo en que esta se comporta.

Vimos anteriormente este gen cuando describimos la relación entre la búsqueda de la novedad y la ideología política. Recuerda que los genes se presentan bajo diversas formas llamadas alelos. Los alelos representan variabilidades ligeras en la codificación de los genes que otorgan rasgos distintos a las personas. Quienes tienen una forma larga del gen DRD4, como el alelo 7R, son más propensos a asumir riesgos. Buscan nuevas experiencias porque toleran poco el aburrimiento. Les gusta descubrir nuevos lugares, ideas, alimentos, drogas y oportunidades sexuales. Son aventureros. A nivel mundial, una de cada cinco personas tiene el alelo 7R, pero varía de manera sustancial de un sitio a otro.

Más dopamina, más distancia

Los investigadores obtuvieron datos genéticos de las rutas migratorias más conocidas de América del Norte, América del Sur, Asia oriental, Sudeste Asiático, África y Europa. Cuando analizaron los datos, surgió un patrón claro. Entre las poblaciones que habían permanecido cerca de sus orígenes, había menos personas con un alelo del gen DRD4 largo en comparación con quienes habían migrado más lejos.

Una de las rutas migratorias que estudiaron empezaba en África, atravesaba Asia oriental, pasaba por el estrecho de Bering hasta América del Norte y luego bajaba hasta América del Sur. Es un largo camino, y los investigadores vieron que el grupo que había conseguido hacer todo el recorrido, los indígenas sudamericanos, presentaba el mayor porcentaje de alelos de la dopamina largos: 69 %. Entre quienes migraron a una distancia más corta y se establecieron en América del Norte, solo el 32 % tenía el alelo largo. Las poblaciones indígenas de América Central se hallaban justo en el medio, con un 42 %. De media, se calculó que la proporción de alelos largos aumentaba en un 4,3 % por cada 1.600 kilómetros de migración.

Una vez que se comprobó que el alelo 7R del gen DRD4 estaba relacionado con lo lejos que migraba una población, la siguiente pregunta fue: ¿por qué? ¿Cómo se volvió el alelo 7R más habitual en poblaciones remotas? La respuesta evidente es que la dopamina hace que la gente busque más. Provoca que estén más inquietos e insatisfechos. Hace que ansíen algo mejor. Estas son exactamente el tipo de personas que abandonarían una comunidad asentada para ir en busca de lo desconocido. Pero hay también otra explicación.

LA SUPERVIVENCIA DEL MÁS FUERTE

Tal vez las tribus que migraron lo hicieron por algún otro motivo que nada tenía que ver con buscar lo novedoso. Tal vez se marcharon debido a conflictos, o quizá iban a la caza de animales migratorios. Puede que haya muchas razones que no tengan relación alguna con la dopamina, pero la cuestión sigue ahí: en estas circunstancias, ¿por qué muchos miembros de la población migrante acabaron teniendo alelos 7R? La respuesta es que quizá el alelo 7R no desencadenó la migración, pero, en cuanto se inició, el alelo proporcionó a sus portadores una ventaja para sobrevivir.

Una ventaja del alelo 7R es que impulsó a sus portadores a descubrir el nuevo medio en el que se encontraban con objeto de buscar oportunidades para aprovechar al máximo los recursos. Dicho de otro modo, fomentó la búsqueda de lo novedoso. Por ejemplo, una tribu podría haber dado sus primeros pasos en una zona geográfica con un clima estable y el mismo tipo de alimentos disponibles todo el año. No obstante, después de trasladarse a un sitio nuevo, los miembros de la tribu migrante pueden haber pasado por épocas lluviosas y secas, y tenían que aprender a modificar sus fuentes de alimentación conforme cambiaban las estaciones. Encontrar cómo hacerlo suponía asumir riesgos y experimentar.

Existen también datos de que los portadores del alelo 7R aprenden más deprisa, sobre todo cuando reciben una recompensa al responder bien. En general, los portadores del 7R son más sensibles a las recompensas; reaccionan de forma más fuerte tanto cuando ganan como cuando pierden. En consecuencia, cuando se vieron en un medio desconocido y tuvieron que adaptarse a rutinas nuevas con el fin de sobrevivir, los portadores del 7R se esforzaron más para resolver las cosas porque sus experiencias de éxito y fracaso eran más intensas.

Otra ventaja es que el alelo 7R se asocia con algo denominado baja sensibilidad a factores estresantes nuevos. Los cambios causan estrés, tanto para bien como para mal. Por ejemplo, pocas cosas son más estresantes que un divorcio, pero casarse también es duro. Estar en bancarrota es estresante, pero también lo es ganar la lotería. Los cambios malos pueden causar más estrés que los buenos, pero el factor más importante es la magnitud del cambio. Los cambios mayores suponen un estrés mayor.

El estrés no es bueno para la salud de las personas. De hecho, el estrés mata. Aumenta la probabilidad de contraer cardiopatías, dormir mal y padecer problemas digestivos y alteraciones del sistema inmunitario. También puede provocar depresión, que da lugar a una baja energía, escasa motivación, desesperanza, pensamientos de muerte y, sencillamente, sensación de derrota, todo lo cual va en contra de la supervivencia. Entre nuestros ancestros evolutivos, a las personas sensibles al estrés les costaba más obtener recursos de entornos que representaban un gran cambio respecto a lo que estaban acostumbrados. Eran cazadores menos afortunados y recolectores menos productivos. Eso les suponía mayores dificultades a la hora de competir para buscar parejas con las que reproducirse, y a veces ni siquiera vivían lo suficiente para tener hijos que llevaran sus genes hasta la siguiente generación.

Sin embargo, no todo el mundo se estresa ante el cambio. Un trabajo nuevo, una ciudad nueva, incluso una carrera completamente nueva puede ser algo estimulante y motivador para las personalidades dopaminérgicas. Prosperan en entornos desconocidos. En épocas prehistóricas, tenían más probabilidades de salir adelante pese a experimentar cambios radicales en su modo de vida. Triunfaban más cuando competían por las parejas y, como resultado, transmitían sus genes dopaminérgicos. Con el tiempo, los alelos que ayudaron a las personas a adaptarse con facilidad a entornos desconocidos se volvieron más frecuentes entre la población, mientras que otros alelos se tornaron más infrecuentes.

Desde luego, los portadores del alelo 7R no estaban bien adaptados a todos los entornos. Quienes tienen personalidades dopaminérgicas pueden salir adelante cuando se enfrentan a situaciones nuevas, pero suelen tener dificultades con sus relaciones. Esto es importante, porque desenvolverse socialmente con habilidad también aporta una ventaja evolutiva. Por muy grande, fuerte o inteligente que sea una persona, no va a poder competir con otras que trabajan en grupo. Un individuo no debería luchar contra un grupo. En esta situación, cuando la necesidad de colaborar es primordial, una personalidad dopaminérgica es un lastre.

Así pues, todo depende del medio. En situaciones conocidas, en las que la colaboración social es lo más importante, los genes muy dopaminérgicos se vuelven más infrecuentes porque sus ventajas para sobrevivir y buscar pareja disminuyen frente a los efectos positivos de unos niveles de dopamina más equilibrados. En cambio, cuando una tribu recoge sus cosas y parte hacia lo desconocido, los genes que le dan a una persona un sistema dopaminérgico más activo suponen una ventaja y se vuelven más frecuentes con el tiempo.

¿CUÁL ES LA CORRECTA?

Lo anterior plantea dos teorías contrapuestas:

1. Los genes dopaminérgicos impulsaron a la población a buscar nuevas oportunidades. Como consecuencia, estos genes se encuentran con más frecuencia entre poblaciones que migraron desde sus orígenes evolutivos.
2. Algún motivo los llevó a buscar nuevas oportunidades, y los genes dopaminérgicos hicieron que algunos de ellos sobrevivieran y se reprodujeran más que otros.

¿Cómo decidimos cuál es la correcta?

Aquí es donde todo se complica un poco. Si los genes dopaminérgicos provocaron que la población se pusiera en marcha (es decir, la impulsaron a buscar una vida mejor), entonces deberíamos ver muchos alelos 7R en todos los grupos que salieron de África. Ese sería el caso si hubieran migrado durante algunas generaciones y hubieran acabado cerca de sus orígenes, o hubieran migrado durante muchas generaciones y hubieran terminado lejos. Eso se debe a que, dado que ponerse en marcha requiere mucha dopamina, no debería importar dónde acabe la tribu. Quienes se marcharon tendrían mucha, y quienes se quedaron tendrían menos.

Por otro lado, si la población se puso en marcha sin la necesidad del alelo 7R, entonces veríamos un cambio más gradual en el número de personas que lo portan. Esta es la razón: si una tribu migrase únicamente a poca distancia, solo algunas generaciones vivirían en entornos desconocidos. En cuanto dejaran de trasladarse, lo desconocido dejaría de serlo, y el alelo 7R ya no supondría ninguna ventaja. Una vez que se igualaran las condiciones, los portadores del alelo 7R perderían la capacidad de tener más hijos que sus vecinos menos dopaminérgicos. Llegados a este punto, los distintos alelos se transmitirían por igual a las siguientes generaciones.

En cambio, las tribus que siguieran trasladándose vivirían en entornos desconocidos una generación tras otra. Las ventajas reproductoras del 7R se mantendrían, y sus portadores vivirían más y tendrían más hijos. Con el paso del tiempo, el alelo 7R sería cada vez más habitual entre estos viajeros de larga distancia. Y eso es lo que vemos. Cuanto más migraba una población, mayor era la frecuencia del alelo 7R. No hizo que se pusiera en marcha, pero la ayudó a sobrevivir mientras avanzaba.

INMIGRACIÓN

Los movimientos de población actuales son distintos de los que vivieron nuestros antepasados prehistóricos. Emigrar a un país distinto del de origen es una decisión personal más que una decisión tribal. Y aunque el motivo puede ser parecido —buscar mejores oportunidades—, el alelo 7R del receptor dopaminérgico D4 no parece desempeñar ninguna función. El porcentaje del alelo 7R entre las poblaciones inmigrantes es aproximadamente el mismo que entre las personas que permanecen en su país de origen. Sin embargo, parece ser que la dopamina interviene, aunque de manera distinta.

En el capítulo 4, cuando hablamos del papel de la dopamina en la creatividad, comparamos la creatividad con la esquizofrenia, un trastorno mental caracterizado por un exceso de dopamina en el circuito del deseo. Examinamos las cosas en común que los delirios psicóticos tienen con las ideas muy creativas e incluso con los sueños habituales. Pero la esquizofrenia no es el único trastorno caracterizado por un exceso de actividad dopaminérgica. El trastorno bipolar, llamado a veces enfermedad maníaco-depresiva, tiene también un componente dopaminérgico, y la afección parece estar relacionada con la inmigración.

Manía bipolar: otra afección
por exceso de dopamina

Bipolar hace referencia a dos estados de ánimo extremos (como *bicicleta* se refiere a dos ruedas). Las personas con trastorno bipolar presentan episodios de depresión cuando su estado de ánimo es anormalmente bajo y episodios de manía cuando es demasiado alto. El último se asocia con niveles altos de dopamina, algo que no debería sorprender dados los síntomas del estado maníaco: gran energía, estado de ánimo eufórico, pensamientos acelerados que pasan de un tema a otro, abundante actividad para lograr muchas metas a la vez y participación excesiva en actividades de alto riesgo y que buscan el placer, como el despilfarro o la promiscuidad.

La enfermedad incapacita a muchas personas con trastorno bipolar. No pueden conservar un empleo o mantener relaciones sanas. Otras, sobre todo las que reciben tratamiento médico, pueden llevar una vida normal mientras toman medicamentos que estabilizan su estado de ánimo. Algunas llevan una vida extraordinaria. En el mundo, un 2,4 % de la población padece trastorno bipolar, pero es más frecuente entre determinados grupos. Investigadores de Islandia descubrieron que las personas que trabajan en ámbitos creativos como el baile, la interpretación, la música o la escritura tienen un 25 % más de probabilidades de padecer trastorno bipolar que quienes tienen trabajos no creativos. En otro estudio, científicos de la Universidad de Glasgow estudiaron a más de 1.800 personas desde los ocho hasta los veintitantos años. Observaron que tener un coeficiente intelectual alto a los ocho años pronosticaba un mayor riesgo de desarrollar un trastorno bipolar a los veintitrés. Los cerebros más inteligentes tienen un riesgo más elevado de desarrollar un trastorno mental dopaminérgico que los cerebros normales.

Muchos famosos, personas creativas, han revelado que padecen trastorno bipolar. Entre ellos están Francis Ford Coppola, Ray Davies, Patty Duke, Carrie Fisher, Mel Gibson, Ernest Hemingway, Abbie Hoffman, Patrick Kennedy, Ada Lovelace, Marilyn Monroe, Sinéad O'Connor, Lou Reed, Frank Sinatra, Britney Spears, Ted Turner, Jean-Claude Van Damme, Virginia Woolf y Catherine Zeta-Jones. También hay muchos personajes del pasado que, según documentos históricos, se cree que tenían trastorno bipolar, como Charles Dickens, Florence Nightingale, Friedrich Nietzsche y Edgar Allan Poe.

Uno podría imaginar que un cerebro extraordinario se parece a un coche deportivo de altas prestaciones. Es capaz de hacer cosas increíbles, pero se rompe con facilidad. La dopamina impulsa la inteligencia, la creatividad y el esfuerzo, pero también puede hacer que las personas se comporten de formas extrañas.

Una actividad dopaminérgica excesiva no es el único problema en la manía bipolar, si bien desempeña un papel importante. Este estado no está causado por un alelo del receptor del gen DRD4 muy activo, sino que los científicos creen que se debe a un problema con algo llamado el transportador de dopamina (figura 5).

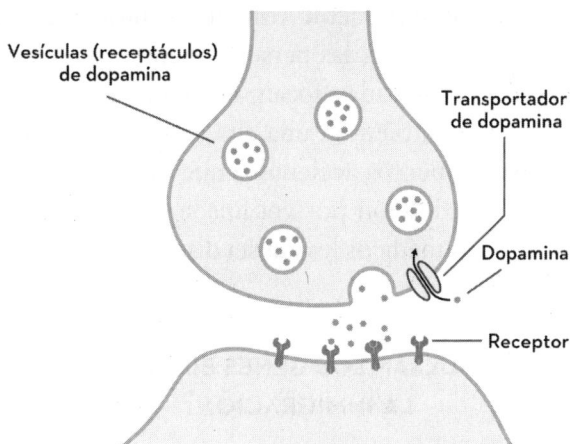

Figura 5

El transportador de dopamina es como un aspirador. Su labor consiste en limitar el tiempo que la dopamina pasa estimulando las células de su alrededor. Cuando se activa una célula que segrega dopamina, libera sus reservas de dopamina, que luego se unen a los receptores en otras células cerebrales. Después, para poner fin a la interacción, el transportador de dopamina aspira de nuevo la dopamina y la devuelve a la célula de donde provenía para que el proceso pueda empezar otra vez. El transportador a veces recibe el nombre de bomba de recaptación porque bombea la dopamina de nuevo a la célula.

¿Qué pasa cuando el transportador no funciona con normalidad? Podemos responder esta pregunta observando la conducta de los cocinómanos. La cocaína bloquea el transportador de dopamina como un calcetín que se mete por la boquilla de un aspirador. El bloqueo permite que la dopamina interactúe con su receptor una y otra vez. Cuando pasa esto, las personas sienten un aumento de energía, su actividad se focaliza en un objetivo concreto y deseo sexual. Sienten una alta autoestima y euforia y tienen pensamientos acelerados que saltan de un tema a otro. La intoxicación por cocaína se parece tanto a la manía que a los médicos les cuesta distinguirlas.

¿IMPULSAN LOS GENES BIPOLARES LA INMIGRACIÓN?

Aprendí enseguida que, cuando emigras, pierdes las muletas que te han servido de apoyo; debes empezar de cero, porque el pasado se borra de un plumazo y a nadie le importa de dónde vienes o qué habías hecho antes.
Isabel Allende, escritora

El trastorno bipolar no es todo o nada. Algunas personas presentan formas graves de la enfermedad y otras más leves. Algunas personas tienen solo una tendencia bipolar. Podemos ver cosas en las personalidades de este último grupo que sugieren exaltaciones del estado de ánimo inusualmente altas, pero no tanto como para diagnosticarse como enfermedad. Todo depende de cuántos genes de riesgo herede una persona de sus padres y cuánta vulnerabilidad confieran estos genes. El riesgo genético interactúa después con el entorno de una persona (una infancia estresante, por ejemplo), y el producto final es una cierta manifestación de trastorno bipolar o características bipolares que no son lo bastante graves como para causar la enfermedad en sí.

¿Es posible que una disfunción sin importancia en el transportador de dopamina —solo algunos genes de riesgo o genes que tengan un efecto leve— pueda producir ganas de viajar, por así decirlo? ¿Podría eso intervenir en la decisión de dejar la propia patria y buscar nuevas oportunidades en otro país? No es fácil dejar atrás las propias raíces, despedirse de amigos y familiares, y marcharse de una comunidad conocida, cómoda y que te apoya. Andrew Carnegie, un inmigrante escocés del siglo XIX que empezó a trabajar en una fábrica por unos peniques al día y después se convirtió en el hombre más rico del mundo, escribió: «[Los] satisfechos no desafían las olas del tempestuoso Atlántico, sino que se sientan indefensos en casa».

Si los genes bipolares fomentasen la emigración, esas personas ambiciosas llevarían consigo sus genes de riesgo, y cabría esperar que encontráramos grandes concentraciones de genes bipolares en países con muchos inmigrantes. La población de Estados Unidos está compuesta casi en su totalidad por inmigrantes y sus descendientes. También tiene la tasa más alta de trastorno bipolar: 4,4 %, que duplica más o menos la tasa del resto del mundo. ¿Existe relación entre ambos?

Japón, que apenas tiene inmigración, tiene una tasa de trastorno bipolar del 0,7 %, una de las más bajas del planeta. Las personas en Estados Unidos con trastorno bipolar empiezan asimismo a presentar síntomas a una edad más temprana, un marcador de una forma de la enfermedad más grave. Alrededor de dos tercios desarrollan síntomas antes de los veinte años, frente a solo un cuarto en Europa. Eso respalda la idea de que el acervo génico en Estados Unidos tiene una concentración mayor de genes de alto riesgo.

El gen que le dice al organismo cómo producir el transportador de dopamina es uno de estos genes, pero hay muchos otros. Nadie sabe con precisión cuántos son, pero está claro que interviene alguna forma de herencia genética. Los hijos de padres bipolares tienen al menos el doble de probabilidades de padecer un trastorno bipolar que la población en general. Algunos estudios han revelado que el riesgo es diez veces mayor. Pero en ocasiones los niños tienen suerte. Obtienen las ventajas de las personas bipolares sin padecer la enfermedad.

Como se ha comentado, el trastorno bipolar no es todo o nada. Especialistas en trastornos del estado de ánimo hablan de un «espectro bipolar». En un extremo del espectro está el trastorno bipolar I. Las personas con esta forma de la enfermedad presentan manía y depresión graves. Después está el trastorno bipolar II. Las personas con este trastorno presentan depresión grave, pero episodios más leves de exaltación del estado de ánimo, la llamada hipomanía (*hipo* significa 'debajo', como en una inyección hipodérmica, que administra un fármaco bajo la piel). En la parte baja del espectro está la ciclotimia, que se caracteriza por ciclos de hipomanía y episodios depresivos leves. Luego está algo denominado temperamento hipertímico; este adjetivo deriva de la palabra griega *thymós*, que significa 'estado de ánimo'.

El temperamento hipertímico no se considera una enfermedad. No se producen episodios como en el trastorno bipolar. Las personas con un temperamento hipertímico tienen tan solo una personalidad «hiperactiva», y la mantienen en todo momento. Según Hagop Akiskal, a quien se debe gran parte de la labor pionera en este campo, las personas con temperamentos hipertímicos son alegres, entusiastas, divertidas, demasiado optimistas, muy confiadas, jactanciosas y están llenas de energía y planes. Son polifacéticas y tienen amplios intereses, se involucran en exceso y son entrometidas, desinhibidas y asumen riesgos, y no suelen dormir mucho. Muestran un entusiasmo excesivo por los nuevos rumbos de su vida, como las dietas, las parejas románticas, las oportunidades empresariales, incluso las religiones, y luego pierden enseguida el interés. Acostumbran a conseguir muchas cosas, pero puede ser difícil vivir con ellas.

La última forma del espectro bipolar corresponde a quienes heredan una cantidad mínima de riesgo genético. Estas personas no presentan ningún síntoma patológico, pero disfrutan con cosas como una mayor motivación, la creatividad, una tendencia a tomar medidas audaces y asumir riesgos, así como otras características que reflejan niveles de actividad dopaminérgica por encima de la media.

LA NACIÓN DE LA DOPAMINA

Encontramos genes bipolares y trastorno bipolar en una concentración relativamente alta en Estados Unidos. ¿Qué pasa con esas manifestaciones no patológicas de la enfermedad? ¿Existen datos acerca de si estas últimas están también generalizadas? En realidad, los datos abundan y se remontan a los primeros años de la república.

Uno de los primeros testigos de la cultura estadounidense fue Alexis de Tocqueville, diplomático, politólogo e historiador francés. Tocqueville describió sus observaciones sobre el carácter de los estadounidenses durante el siglo XIX en su libro *La democracia en América*. Estudió el nuevo país porque creía que la democracia muy probablemente reemplazaría a la aristocracia en Europa. Pensó que estudiar los efectos de la democracia en Estados Unidos les sería de utilidad a los europeos mientras se dirigían a otras formas de gobierno nuevas.

Buena parte de las observaciones de Tocqueville se podrían atribuir al principio democrático del igualitarismo. Pero describió asimismo características de los estadounidenses que no parecían estar relacionadas con ninguna filosofía política. Algunas de estas características son sorprendentemente parecidas a los síntomas del trastorno bipolar, o al menos a una personalidad dopaminérgica. Por ejemplo, dedica un capítulo al «Entusiasmo fanático en algunos estadounidenses». Escribió:

> Aunque el deseo de adquirir las cosas buenas de este mundo es la pasión predominante del pueblo estadounidense, se producen ciertos brotes momentáneos, cuando sus almas parecen romper repentinamente los lazos de materia por los cuales están restringidos, y se elevan impetuosamente hacia el cielo.

En este único párrafo vemos la búsqueda apasionada del «más», así como una atracción por cosas que van más allá del terreno de los sentidos físicos; incluso una referencia al espacio extrapersonal de arriba, el reino de los cielos. Tocqueville señaló que las conductas de esta naturaleza eran comunes sobre todo «en el país medio poblado del Lejano Oeste», observación que concuerda con la probabilidad de que los pioneros aventureros que se asentaron en los estados occidentales fueran más propensos a tener personalidades que asumen riesgos y buscan sensaciones, y seguramente una carga genética para estados hiperdopaminérgicos.

Un capítulo posterior, titulado «Causas del espíritu inquieto de los estadounidenses en medio de su prosperidad», amplió el tema dopaminérgico del nunca es suficiente. Tocqueville observó que, a pesar de vivir en «las circunstancias más felices que el mundo ofrece», los estadounidenses buscaban una vida mejor con «ardor febril». Escribió:

En los Estados Unidos, un hombre construye una casa para pasar sus últimos años en ella, y la vende antes de que se ponga el techo: planta un jardín y lo deja justo cuando los árboles se están poniendo en marcha; pone un campo en labranza y deja a otros hombres para recoger los cultivos; adopta una profesión y la abandona; se instala en un lugar, que luego deja, para llevar sus deseos cambiantes a otro lugar. Si sus asuntos privados le dejan algo de ocio, se sumerge instantáneamente en el vórtice de la política; y si al final de un año de trabajo incansable descubre que tiene unos días de vacaciones, su ansiosa curiosidad lo lleva por la vasta extensión de los Estados Unidos, y viajará mil quinientas millas en unos pocos días, para sacudirse su felicidad.

Tocqueville describió una nación habitada por hipertímicos.

Inventores, emprendedores y nobeles

Como nación de inmigrantes, Estados Unidos ha cosechado unos logros dopaminérgicos espectaculares. Según una investigación publicada por el Instituto para la Investigación de la Inmigración de la Universidad George Mason, entre 1901 y 2013, Estados Unidos recibió el 42 % de todos los Premios Nobel, siendo el país con el mayor porcentaje del mundo. Además, un número desproporcionado de nobeles estadounidenses han sido inmigrantes. Los tres principales países de los que provenían eran Canadá (13 %), Alemania (11 %) y el Reino Unido (11 %).

Estados Unidos sigue atrayendo a inmigrantes de todos los lugares del mundo, y la población inmigrante sigue incluyendo una elevada proporción de personas extraordinarias. Algunas de las empresas más importantes de la nueva economía han sido fundadas por inmigrantes, entre ellas Google, Intel, PayPal, eBay y Snapchat. Desde 2005, el 52 % de las empresas emergentes de Silicon Valley han sido creadas por empresarios inmigrantes, una cifra notable teniendo en cuenta que los inmigrantes constituyen solo el 13 % de la población estadounidense. El país que aporta a Estados Unidos el mayor número de emprendedores tecnológicos es la India.

En el libro *Exceptional People: How Migration Shaped Our World and Will Define Our Future*, los autores señalan que, en 2006, los extranjeros que vivían en Estados Unidos figuraban como inventores o coinventores en el 40 % de todas las solicitudes de patentes internacionales presentadas por el Gobierno estadounidense. Los inmigrantes también presentan la mayoría de las patentes de empresas líderes en tecnología: 60 % del total en Cisco, 64 % en General Electric, 65 % en Merck y 72 % en Qualcomm.

Los inmigrantes no solo ponen en marcha empresas tecnológicas. Desde salones de manicura, restaurantes y tintorerías hasta las empresas de mayor crecimiento en Estados Unidos, los inmigrantes crean una cuarta parte de todos los negocios nuevos en el país, aproximadamente el doble per cápita que otros estadounidenses. Y, si miramos el espíritu emprendedor en general, podemos volver al punto de partida y ver una relación directa con la dopamina.

Un grupo de investigadores dirigidos por Nicos Nicolaou, del Centro de Investigación de Emprendimiento e Innovación Empresarial de la Escuela de Negocios de Warwick, seleccionó a 1.335 personas del Reino Unido y les pidió que rellenaran un cuestionario sobre el espíritu emprendedor y aportaran una muestra de sangre para extraer el ADN. La edad media de los voluntarios era de cincuenta y cinco años y el 83 % eran mujeres. Nicolaou vio un gen dopaminérgico que presentaba dos formas (alelos) idénticas, salvo por un único componente básico. Esa variabilidad en el componente básico (denominada ácido nucleico) hacía que una forma del gen fuera más activa que la otra. Las personas con la forma más activa tenían casi el doble de probabilidades de haber puesto en marcha un negocio que las que tenían la forma menos activa.

Cabe mencionar que Estados Unidos no es el único país que ha sido conformado por inmigrantes dopaminérgicos. El Global Entrepreneurship Monitor, un proyecto en marcha patrocinado por el Babson College y la Escuela de Economía de Londres, hallaron que las cuatro naciones con la mayor creación per cápita de nuevas empresas son Estados Unidos, Canadá, Israel y Australia; tres de ellas están entre los nueve principales países con las mayores poblaciones inmigrantes del mundo, y en uno de ellos, Israel, han pasado menos de tres generaciones desde su fundación como Estado inmigrante.

En el mundo hay pocas personas muy dopaminérgicas, así que el aumento en un país supone una disminución en otro. Muchos inmigrantes estadounidenses llegaron desde Europa, una migración que potenció el acervo génico dopaminérgico en Estados Unidos y dejó a Europa con una población restante más propensa a adoptar un enfoque vital del aquí y ahora.[1]

El Centro de Investigaciones Pew llevó a cabo una encuesta para conocer mejor las diferencias entre los estadounidenses y los europeos, y publicó sus resultados en un informe titulado *The American-Western European Values Gap*. Pese a que los factores, además de la genéti-

---

1. En el capítulo 5 hablamos de los modos en que muchos liberales estadounidenses, que representan el partido del cambio, tienden a ser más dopaminérgicos que los conservadores, que son más partidarios de mantener el *statu quo*. En Europa sucede lo contrario. Los Gobiernos liberales, por lo general, representan el *statu quo*, mientras que los partidos de derechas defienden un cambio radical.

ca, que afectan a los valores son muchos, algunas de las preguntas que hicieron estaban muy relacionadas con la personalidad dopaminérgica. Por ejemplo, preguntaron: «¿Está determinado el éxito en la vida por fuerzas que escapan a nuestro control?». En Alemania, el 72 % respondió sí. En Francia, lo hizo el 57 % y en el Reino Unido, el 41 %. En cambio, solo poco más de un tercio de los encuestados de Estados Unidos dijeron que el control estaba en manos de fuerzas externas, mientras que la mayoría adoptó una visión más dopaminérgica.

La diferencia dopaminérgica también aparece en otras preguntas. Los estadounidenses eran más propensos a aprobar el uso de la fuerza militar —la imposición literal del cambio— para lograr los objetivos nacionales. Eran menos proclives a decir que era necesario obtener el permiso de las Naciones Unidas. Asimismo, valoraban mucho la religión en sus vidas, pues para un 50 % era muy importante. Menos de la mitad dijo eso en Europa: un 22 % en España, un 21 % en Alemania, un 17 % en Reino Unido y un 13 % en Francia.

Estados Unidos y otras sociedades de inmigrantes tal vez tengan los genes más dopaminérgicos, pero afrontar la vida de forma dopaminérgica ha pasado a ser parte integral de la cultura moderna, tanto si lo corroboran los propios genes como si no. El mundo se caracteriza hoy por un flujo de información interminable, productos nuevos, publicidad y la sensación de necesitar más. La dopamina se asocia en la actualidad con la parte más esencial de nuestro ser. La dopamina se ha apoderado de nuestra alma.

Yo, la dopamina

Las células secretoras de dopamina constituyen el 0,0005 % del cerebro. Es una mínima parte de las células que usamos para desenvolvernos en nuestro mundo. Y, sin embargo, cuando pensamos en quiénes somos en el sentido más profundo, pensamos en esos diminutos grupos de células. Nos identificamos con nuestra dopamina. En nuestra mente, somos dopamina.

Si le preguntaras a un filósofo cuál es la esencia de la humanidad, no sorprendería que te dijera que el libre albedrío. La esencia de la humanidad es nuestra facultad para ir más allá del instinto, de las reacciones automáticas de nuestro entorno. Es la capacidad de sopesar las alternativas, examinar conceptos elevados, como los valores y los principios, y después elegir voluntariamente cómo aprovechar al máximo lo que creemos que es bueno, ya sea el amor, el dinero o ennoblecer el alma. Esa es la dopamina.

La comunidad científica podría decir que su esencia es la capacidad para comprender el mundo. Es su habilidad para situarse por encima del flujo de información de los sentidos físicos a fin de entender el significado de lo que percibe. Evalúa, juzga y predice. Comprende. Esa es la dopamina.

El hedonista cree que su yo más profundo es la parte de él que siente placer. Da igual si es el vino, las mujeres o una canción; su propósito en la vida es sacar el máximo provecho de las recompensas que obtiene cuando busca «más». Esa es la dopamina.

El artista dice que la esencia de su humanidad es su capacidad para crear. Es su poder divino para dar vida a representaciones de la verdad y la belleza que jamás existieron antes. La fuente de donde mana esa creación es su ser. Esa es la dopamina.

Por último, la persona espiritual podría decir que la trascendencia es la raíz de la humanidad. Es aquello que se eleva por encima de la realidad física; la parte más esencial de lo que somos es nuestra alma inmortal, que existe más allá del espacio y el tiempo. Debido a que no podemos ver, oír, oler, saborear o tocar nuestras almas, solo las hallamos en nuestra imaginación. Esa es la dopamina.

Cómo rascarse la cabeza

Y, sin embargo, más del 99,999 % del cerebro está compuesto de células que no segregan dopamina. Muchas de ellas se encargan de funciones que escapan a nuestra percepción, como respirar, mantener nuestro sistema hormonal en equilibrio y coordinar los músculos que nos permiten hacer movimientos aparentemente sencillos. Piensa en algo como rascarte la cabeza. Empieza con los circuitos dopaminérgicos, que deciden que es una buena idea. Determinan que rascarse la cabeza es la mejor manera de no tener picores en el futuro. Las células dopaminérgicas envían la señal para hacerlo, pero ahí es donde la dopamina, y una implicación consciente, acaban.

La dopamina es el director, no la orquesta.

De algún modo, la orden dopaminérgica «hazlo» es la parte más fácil. Lo que viene a continuación es tan complicado que cuesta incluso imaginar cómo conseguimos hacerlo.

Levantar el brazo para rascarte la cabeza exige la coordinación de decenas de músculos en los dedos, la muñeca, el brazo, el hombro, la espalda, el cuello y el abdomen. Si estás de pie cuando lo haces, la coordinación precisa ir hasta las piernas. Mover el brazo hacia arriba cambia el centro de gravedad, por lo que son necesarios unos ajustes del equilibrio. Es complicado. Cada articulación del cuerpo tiene músculos opuestos (parecidos a los circuitos opuestos del cerebro) para que la articulación pueda controlarse con un alto grado de precisión. Los músculos de un lado de la articulación tienen que contraerse con una fuerza específica que cambia constantemente, mientras que los opuestos tienen que relajarse de una manera que también cambia constantemente. Los músculos se componen de fibras individuales. Solo en el bíceps, hay un cuarto de millón. La fuerza de la contracción depende del porcentaje de fibras que se activen, por lo que cada fibra precisa controlarse por separado. Para rascarte la cabeza, el cerebro debe controlar millones de fibras musculares en todo el cuerpo. Debe asegurarse de que todas estén debidamente coordinadas entre sí y modificar de forma dinámica la fuerza de contracción relativa durante el movimiento. Eso requiere una gran capacidad mental. Seguramente, más de la que pensabas que tenías. No es la dopamina, pero sigues siendo tú.

Buena parte de lo que hacemos a lo largo del día es automático. Salimos por la puerta y vamos a trabajar sin pensar demasiado de manera intencionada. Conducimos coches, nos alimentamos, reímos, sonreímos, fruncimos el ceño, andamos encorvados y hacemos un sinfín de cosas diversas sin tener que pensar en ellas. Hacemos tantas cosas que eluden la parte del cerebro que sopesa las opciones y toma las decisiones que podría argumentarse que esas acciones inconscientes —no dopaminérgicas— representan lo que en verdad somos.

Hoy no es ella misma

Todas las personas que conocemos y a las que queremos tienen características especiales que definen quiénes son. Algunas de estas características provienen de la actividad dopaminérgica. Podríamos decir: «Siempre está ahí cuando lo necesitas». Pero, a menudo, los actos inconscientes y no dopaminérgicos son incluso más valiosos para nosotros. Podrías decir cosas del tipo: «Siempre está contenta. Da igual lo mal que me sienta; ella puede levantarme el ánimo». «Me encanta como sonríe.» «Tiene un sentido del humor de lo más peculiar.» «Hay algo en su forma de caminar que es muy suya.»

El modo en que esas fibras musculares individuales se contraen para lograr levantar el brazo hasta la cabeza cuando nos rascamos podría parecer irrelevante para la esencia de nuestro ser, pero nuestros amigos tal vez no estén de acuerdo. Cada uno de nosotros tiene una forma singular de moverse. No solemos darnos cuenta de estos hábitos, pero otras personas los ven. Con frecuencia, reconocemos a nuestros amigos desde lejos por la forma en que se mueven, incluso cuando no podemos verles la cara. Nuestra manera de movernos es parte de lo que nos define.

¿Qué queremos decir al afirmar «Hoy no es ella misma»? La persona podría estar enferma; podría estar agobiada por un disgusto; tal vez esté cansada porque no ha dormido bien por la noche. Sea lo que fuere, rara vez significa que nuestra amiga ha decidido actuar como otra persona. En general, quiere decir que algunos aspectos de su comportamiento que escapan a su control consciente son distintos. Son esos aspectos a los que nos referimos cuando pensamos en «ella misma», la esencia de quién es ella. Podemos creer que nuestra alma reside en nuestros circuitos dopaminérgicos, pero nuestros amigos no se lo creen.

¿Qué más descuidamos cuando identificamos nuestro ser interior con nuestros circuitos dopaminérgicos? Pues nuestras emociones, empatía, la alegría de estar con quienes nos importan. Si ignoramos nuestras emociones, perdemos el contacto con ellas, se vuelven menos complejas con el tiempo y pueden convertirse en irritabilidad, avaricia y resentimiento. Si descuidamos la empatía, perdemos la facultad de hacer que los demás estén contentos. Y si descuidamos las relaciones afiliativas, casi con toda probabilidad perderemos la capacidad de ser felices y seguramente moriremos antes de tiempo. Un estudio de Harvard que se llevó a cabo durante setenta y cuatro años halló que el aislamiento social (incluso en ausencia de sentimientos de soledad) se asocia con un mayor riesgo, de un 50 a un 90 % superior, de muerte prematura. Es más o menos el mismo que fumar y mayor que la obesidad o la falta de ejercicio. Nuestro cerebro necesita relaciones afiliativas solo para sobrevivir.

También perdemos el placer del mundo sensorial que nos rodea. En lugar de disfrutar de la belleza de una flor, solo imaginamos cómo quedaría en un jarrón en la mesa de la cocina. En lugar de oler el aire matutino y mirar al cielo, consultamos la aplicación del tiempo en nuestro teléfono inteligente, con el cuello doblado, ajenos al mundo que nos rodea.

Identificarnos con nuestros circuitos dopaminérgicos nos atrapa en un mundo de conjeturas y posibilidades. Desdeñamos el mundo concreto del aquí y ahora, lo ignoramos o incluso lo tememos, porque no podemos controlarlo. Solo podemos controlar el futuro, y ceder el control no es algo que les guste hacer a los seres dopaminérgicos. Pero nada de eso es real. Incluso un futuro a un segundo de distancia es irreal. Solo es real la cruda realidad del presente, los hechos que debemos aceptar tal cual son, los hechos que no se pueden cambiar en un tris según nuestras necesidades. Es el mundo de lo real. El futuro, donde los seres dopaminérgicos viven su vida, es un mundo de fantasmas.

Nuestros mundos de fantasía pueden llegar a ser paraísos narcisistas donde somos poderosos, hermosos y adorados. O tal vez son mundos donde controlamos por completo nuestro entorno como un artista digital controla cada píxel de su pantalla. A medida que nos deslizamos por el mundo real, medio ciegos, preocupándonos solo por las cosas que podemos usar, cambiamos los fondos oceánicos de la realidad por las superficiales corrientes de nuestros deseos infinitos. Y, al final, esto podría destruirnos por completo.

¿Destruirá la dopamina
la especie humana?

Cuando la especie humana vivía en la escasez y al borde de la extinción, el impulso del «más» nos mantuvo con vida. La dopamina era el motor del progreso. Ayudó a nuestros ancestros evolutivos a sacarlos de una vida de subsistencia. Al darnos la capacidad de crear herramientas, inventar ciencias abstractas y planificar un futuro lejano, nos convertimos en la especie dominante del planeta. Pero en un clima de abundancia donde hemos dominado nuestro mundo y desarrollado una tecnología compleja —en una época en la que «más» ya no es una cuestión de supervivencia—, la dopamina nos hace seguir adelante, tal vez hacia nuestra propia destrucción.

Como especie, nos hemos vuelto mucho más poderosos de lo que éramos cuando nuestro cerebro empezó a desarrollarse. La tecnología avanza rápido, mientras que la evolución es lenta. Nuestro cerebro evolucionó en un momento en que la supervivencia no estaba asegurada. Aunque eso ya no es un problema en el mundo actual, nos hemos quedado con nuestro antiguo cerebro.

Es posible que no duremos más de otras seis generaciones. Simplemente, nos hemos vuelto demasiado hábiles en satisfacer nuestros deseos dopaminérgicos: no todas las formas del «más» y lo «nuevo» y «novedoso» sirven a una persona, y lo mismo vale para una especie. La dopamina no se detiene. Siempre nos empuja hacia el abismo. En los siguientes apartados vamos a ver los peores escenarios. Es posible que nuestra ingenuidad, movida por la dopamina, nos ayude a encontrar un paso seguro a través de los arrecifes y los bancos de arena del progreso cada vez más acelerado de la humanidad. Pero quizá no más de una vez.

APRETAR EL BOTÓN

El apocalipsis nuclear es la manera más obvia que la dopamina tiene para destruir la humanidad. Científicos muy dopaminérgicos han construido armas para el fin del mundo para gobernantes muy dopaminérgicos. Los científicos no pueden dejar de hacer armas cada vez más letales, y los dictadores no pueden evitar desear el poder. Con el tiempo, más y más países adquieren un poderío nuclear, y algún día los circuitos dopaminérgicos de alguien podrían llegar a la conclusión de que la mejor forma de aprovechar al máximo los recursos futuros es apretar el botón. Todos esperamos —y muchos creemos— que, antes de que nos autodestruyamos, la humanidad encontrará un modo de dejar atrás nuestro impulso primitivo por la conquista, seguramente por medio de organizaciones de cooperación internacional como las Naciones Unidas.

No obstante, va a ser necesario algo muy poderoso para lograrlo. Es muy difícil volver a conectar nuestro cerebro.

Acabar con el planeta

La dopamina está implicada en otro escenario apocalíptico evidente al impulsarnos a consumir cada vez más hasta que destruyamos el planeta. El cambio climático acelerado por la actividad industrial es una preocupación importante en muchos países del mundo, que temen sus consecuencias catastróficas, como sequías, inundaciones y una violenta competencia por unos recursos cada vez menores. Más de la mitad de los gases de efecto invernadero se generan por la quema de combustibles fósiles para fabricar cemento, acero, plásticos y sustancias químicas. A medida que más países salen de la pobreza, la demanda de estos materiales aumenta. Todos quieren «más», y, para muchas naciones, «más» no es la búsqueda del lujo, sino escapar de una pobreza aplastante.

El Grupo Intergubernamental de Expertos sobre el Cambio Climático, que ofrece asesoramiento científico a la Conferencia de las Naciones Unidas sobre el Cambio Climático, afirma que cualquier respuesta debe incluir un cambio social fundamental. El crecimiento económico mundial deberá ralentizarse. Será necesario que la población use menos calefacción, menos aire acondicionado, menos agua caliente. Tendrá que conducir menos, volar menos y consumir menos. Dicho de otro modo, la conducta impulsada por la dopamina se tendrá que suprimir de manera drástica, y la era de lo mejor, lo más rápido, lo más barato y el «más» tendrá que acabar.

Esto no ha pasado jamás en la historia de la humanidad, al menos no por propia elección. Solo las tecnologías de vanguardia nos permitirán seguir con nuestro ritmo actual de aumento del consumo, al tiempo que generamos menos gases de efecto invernadero.

Demos la bienvenida a nuestros nuevos jefes supremos del silicio

Los ordenadores que son más inteligentes que las personas cambiarán de manera fundamental el mundo. Cada año construimos ordenadores más rápidos y potentes gracias a nuestra capacidad impulsada por la dopamina para usar conceptos abstractos que nos permitan crear nueva tecnología. En cuanto los ordenadores sean lo suficientemente inteligentes como para crearse —y mejorarse— por sí solos, sus avances se acelerarán de forma drástica. En ese momento, nadie sabe qué pasará. Es posible que suceda antes de lo que pensamos. Ray Kurzweil, destacado futurólogo a nivel mundial, cree que tendremos ordenadores superinteligentes ya en 2029.

Los ordenadores programados con técnicas tradicionales son totalmente previsibles. Siguen una serie de instrucciones claras para llevar a cabo un cálculo desde el principio hasta el final. Los nuevos avances en inteligencia artificial, no obstante, crean resultados imprevisibles. En lugar de que sea el programador el que determine cómo funciona el ordenador, este se modifica a sí mismo en función de lo eficaz que sea alcanzando su objetivo. Optimiza su programación para resolver problemas. Se denomina computación evolutiva. Los circuitos que llevan al éxito se refuerzan y los que llevan al fracaso se debilitan. A medida que el proceso avanza, el ordenador realiza las tareas asignadas cada vez mejor, como el reconocimiento facial, por ejemplo. Pero nadie sabe cómo lo hace. Con el paso del tiempo, los ajustes que se van llevando a cabo provocan que resulte demasiado difícil entender los circuitos.

Como consecuencia, nadie sabe con precisión que podría hacer un ordenador superinteligente. Una inteligencia artificial que programa sus propios circuitos podría llegar un día a la conclusión de que eliminar la especie humana es el mejor modo de conseguir su objetivo. Los científicos pueden intentar programar elementos de protección, pero, dado que el programa evoluciona al margen del control de los programadores, es imposible saber qué tipo de elementos de protección serán lo bastante sólidos como para sobrevivir al proceso de «optimización». Una alternativa consistiría sencillamente en dejar de crear ordenadores con inteligencia artificial. No obstante, eso disminuiría nuestra capacidad de buscar «más», por lo que podemos descartarlo. La dopamina hará que la ciencia avance tanto si es positivo para nosotros como si no. Tal vez tengamos suerte, eso sí. Quizá descubramos una manera de garantizar que la inteligencia artificial actúe de forma ética. Muchos expertos en este ámbito creen que debería ser una prioridad fundamental de los científicos informáticos.

Todo. En todo momento

Los avances tecnológicos impulsados por la dopamina hacen que cada vez nos sea más fácil satisfacer nuestras necesidades y deseos. Los estantes de los supermercados están llenos de productos «nuevos y mejores» que cambian constantemente. Aviones, trenes y automóviles nos llevan adonde queramos ir de manera más barata y rápida que nunca. Internet nos ofrece infinitas opciones de entretenimiento de forma virtual, y llegan al mercado tal cantidad de cosas interesantes cada año que necesitamos muchísimos periodistas para que nos mantengan al tanto de las nuevas formas de gastarnos el dinero.

La dopamina dirige nuestra vida más y más rápido. Se necesita más formación para seguir el ritmo. Un máster es hoy tan necesario como lo fue un grado una generación atrás. Trabajamos más horas. Tenemos que leer más memorandos, escribir más informes y responder a más correos electrónicos. No se acaba nunca. Se espera de nosotros que estemos disponibles a todas horas, día y noche. Cuando algún compañero de trabajo nos requiere, tenemos que responder de inmediato. Los anuncios muestran a un hombre sonriente respondiendo a mensajes de texto en la playa, o a una mujer en la piscina del hotel comprobando su móvil y tocando en la pantalla un vídeo que muestra su casa vacía. Qué alivio. No ha pasado nada desde la última vez que lo comprobó hace quince minutos. Lo tiene todo controlado.

Con tantos modos de divertirse, tantos años dedicados a estudiar y tanto tiempo pasado en el trabajo, hay que renunciar a algo, y ese algo es la familia. Según la Oficina del Censo de Estados Unidos, entre 1976 y 2012 el número de mujeres sin hijos en Estados Unidos prácticamente se duplicó. El *New York Times* publicó que en 2015 se celebró la primera NotMom Summit, una reunión mundial de mujeres sin hijos por elección o por las circunstancias.

En los países desarrollados, la población ha perdido bastante el interés en tener hijos. Criar a los hijos cuesta mucho dinero. Según el Departamento de Agricultura de Estados Unidos, criar a un hijo hasta los dieciocho años cuesta 245.000 dólares. Cuatro años de matrículas universitarias, además del alojamiento y la manutención, cuestan otros 160.000 dólares, y después de la universidad están los posgrados, o tal vez los hijos volverán a casa. Súmalo todo y podrías comprarte una casa de veraneo o viajar al extranjero cada año, sin hablar ya de restaurantes, teatros y ropa de diseño. Como dijo de forma sucinta una recién casada que no planeaba tener hijos: «Más dinero para nosotros».

La dopamina centrada en el futuro ya no impulsa a las parejas a tener hijos porque las personas que viven en países desarrollados no dependen de que sus hijos los ayuden cuando sean ancianos. Los planes de pensiones financiados por el Gobierno se encargan de eso. Esto deja vía libre a la dopamina para dedicarse a otras cosas, como la televisión, los coches y reformar cocinas.

El resultado final es un desplome demográfico. Aproximadamente la mitad del mundo vive en un país con una fecundidad por debajo de la tasa de reemplazo. La fecundidad de reemplazo es el número de hijos que debe tener cada pareja para evitar un descenso de la población. En los países desarrollados, el valor es de 2,1 por mujer, con el fin de reemplazar a los padres y un poco más para contabilizar las muertes prematuras. En algunos países en desarrollo, la fecundidad de reemplazo alcanza el 3,4 debido a las elevadas tasas de mortalidad en menores de un año. El promedio mundial es de 2,3.

Todos los países europeos, así como Australia, Canadá, Japón, Corea del Sur y Nueva Zelanda, han evolucionado hasta tasas inferiores a la fecundidad de reemplazo. Estados Unidos ha contado con una tasa más estable, en gran medida debido al influjo de inmigrantes procedentes de países en desarrollo que aún no han perdido la costumbre de continuar con la supervivencia de la especie humana. Pero incluso en países en desarrollo las tasas de natalidad están descendiendo. Brasil, China, Costa Rica, Irán, Líbano, Singapur, Tailandia, Túnez y Vietnam han pasado todos ellos a tener tasas inferiores a la fecundidad de reemplazo.

Los Gobiernos hacen lo que pueden para evitar que sus países se conviertan en ciudades fantasma. Durante la crisis de los refugiados sirios, fue famosa la apertura de las fronteras alemanas a todos los que llegaban. Dinamarca respondió a la crisis de nacimientos creando anuncios que mostraban a una sensual modelo con un salto de cama negro, animando a los espectadores con el lema «Hazlo por Dinamarca». Singapur, que tiene una tasa de natalidad de solo el 0,78, llegó a un acuerdo con Mentos («The Freshmaker») para promocionar el anuncio «National Night», donde se les dice a las parejas que «den rienda suelta a su patriotismo». En Corea del Sur, las parejas reciben dinero en metálico y premios por tener más de un hijo, y en Rusia tienen la posibilidad de ganar una nevera.

No hagas nada, siente todo

Por último, el declive, si no el fin, de la especie humana puede acelerarse mediante la realidad virtual. La realidad virtual ya crea experiencias apasionantes en las que se transporta al participante a lugares bonitos e interesantes para convertirse, de manera instantánea, en el héroe del universo.

La realidad virtual crea imágenes y sonido, junto con otras modalidades sensoriales que pronto estarán en internet. Por ejemplo, investigadores de Singapur han desarrollado lo que denominan un «simulador digital del sabor». Se trata de un aparato con electrodos que envía corriente y calor a la lengua. Al estimular la lengua con distintos grados de electricidad y calor, se la puede engañar para que note sabores salados, agrios y amargos. Otros grupos han logrado estimular también el sabor dulce. En cuanto los científicos dominen todos los sabores básicos, podrán combinarlos en distintas proporciones de modo que la lengua note la sensación de saborear casi cualquier alimento imaginable. Dado que lo que percibimos como sabor es, en gran parte, olor, existe también un aparato que dispone de un difusor de aromas que estimula los olores. Se presenta con lo que los inventores llaman un «transductor de conexión ósea». Dicen que «imita los sonidos de masticar que se transmiten desde la boca del comensal hasta la membrana del tímpano a través de los tejidos blandos y los huesos».

El tacto es la última frontera, puesto que permitirá a los creadores de realidad virtual simular el sexo, y la pornografía es el motor universal de la adopción de nuevos medios, como los VCR, los DVD e internet de alta velocidad. ¿Por qué molestarse en tener relaciones sexuales con una pareja dependiente, monótona e imperfecta cuando se puede tener en cambio una fantasía que cambia constantemente? La pornografía está a punto de volverse mucho más adictiva al entrar en el terreno del tacto. Hace poco han llegado al mercado aparatos que proporcionan estimulación genital sincronizada con la realidad virtual pornográfica; básicamente, juguetes sexuales manipulados por ordenador. Hay mucho dinero en juego. En 2016, el mercado de los juguetes sexuales fue de 15.000 millones de dólares, con previsiones de que se superarán los 50.000 millones de dólares para 2020.

Muy pronto podremos enseñarle al ordenador lo que queremos por medio de la valoración de las experiencias que crea del mismo modo que valoramos la música y los libros. El ordenador se volverá tan experto en satisfacer nuestros deseos que ningún ser humano podrá competir con él. El siguiente paso serán bodis que nos permitirán disfrutar del sexo virtual con todos nuestros sentidos sin el inconveniente de la reproducción. Las personas ya han optado por tener menos hijos. Cuando las tendencias actuales conozcan los encantos de la realidad virtual, el futuro de la especie humana será muy dudoso.

Con la realidad virtual, la especie humana puede entrar por voluntad propia en una noche oscura. Nuestros circuitos dopaminérgicos nos dirán que es lo mejor del mundo.

Solo una cosa nos salvará: la capacidad de lograr un equilibrio mejor para superar nuestra obsesión por el «más», apreciar la complejidad ilimitada de la realidad y aprender a disfrutar de lo que tenemos.

Lecturas complementarias

Akiskal, H. S., Khani, M. K. y Scott-Strauss, A. (1979), «Cyclothymic temperamental disorders», *Psychiatric Clinics of North America*, 2(3), 527-554.

Angst, J. (2007), «The bipolar spectrum», *The British Journal of Psychiatry*, 190(3), 189-191.

Bellivier, F., Etain, B., Malafosse, A., Henry, C., Kahn, J. P., El-grabli-Wajsbrot, O., Grochocinski, V. *et al.* (2014), «Age at onset in bipolar I affective disorder in the USA and Europe», *World Journal of Biological Psychiatry*, 15(5), 369-376.

Birmaher, B., Axelson, D., Monk, K., Kalas, C., Goldstein, B., Hickey, M. B., Kupfer, D. *et al.* (2009), «Lifetime psychiatric disorders in school-aged offspring of parents with bipolar disorder: The Pittsburgh Bipolar Offspring study», *Archives of General Psychiatry*, 66(3), 287-296.

Bluestein, A. (febrero de 2015), «The most entrepreneurial group in America wasn't born in America». Obtenido en: <http://www.inc.com/magazine/201502/adam-bluestein/the-most-entrepreneurial-group-in-america-wasnt-born-in-america.html>.

Boucher, J. (2013), *The Nobel Prize: Excellence among immigrants*, George Mason University, Institute for Immigration Research.

Burns, J. (15 de julio de 2016), «How the "niche" sex toy market grew into an unstoppable $15B industry». Obtenido en: <http://www.forbes.com/sites/janetwburns/2016/07/15/adult-expo-founders-talk-15b-sex-toy-industryafter-20-years-in-the-fray/#58ce740538a1>.

Chen, C., Burton, M., Greenberger, E. y Dmitrieva, J. (1999), «Population migration and the variation of dopamine D4 receptor (DRD4) allele frequencies around the globe», *Evolution and Human Behavior*, 20(5), 309-324.

Eiben, A. E. y Smith, J. E., *Introduction to evolutionary computing* (vol. 53). Heidelberg, Springer, 2003.

HUFF, C. D., XING, J., ROGERS, A. R., WITHERSPOON, D. y JORDE, L. B. (2010), «Mobile elements reveal small population size in the ancient ancestors of *Homo sapiens*», *Proceedings of the National Academy of Sciences*, 107(5), 2147-2152.

INTERGOVERNMENTAL PANEL ON CLIMATE CHANGE, IPCC, 2014: Summary for policymakers. En *Climate change 2014: Mitigation of climate change* (Contribution of Working Group III to the Fifth Assessment Report of the Intergovernmental Panel on Climate Change), Nueva York, NY, Cambridge University Press, 2014.

KELLER, M. C. y VISSCHER, P. M. (2015), «Genetic variation links creativity to psychiatric disorders», *Nature Neuroscience*, 18(7), 928.

KOHUT, A., WIKE, R., HOROWITZ, J. M., POUSHTER, J., BARKER, C., BELL, J. y GROSS, E. M. (2011), *The American-Western European values gap*, Washington, D. C., Pew Research Center.

KURZWEIL, R., *The singularity is near: When humans transcend biology*, Nueva York, Penguin, 2005.

LINO, M. (2014), *Expenditures on children by families, 2013*, Washington, D. C., Departamento de Agricultura de Estados Unidos.

MCROBBIE, L. R. (11 de mayo de 2016), «6 Creative ways countries have tried to up their birth rates». Obtenido en: <http://mentalfloss.com/article/33485/6-creative-ways-countries-have-tried-their-birth-rates>.

MERIKANGAS, K. R., JIN, R., HE, J. P., KESSLER, R. C., LEE, S., SAMPSON, N. A., LADEA, M. *et al.* (2011), «Prevalence and correlates of bipolar spectrum disorder in the World Mental Health Survey Initiative», *Archives of General Psychiatry*, 68(3), 241-251.

NICOLAOU, N., SHANE, S., ADI, G., MANGINO, M. y HARRIS, J. (2011), «A polymorphism associated with entrepreneurship: Evidence from dopamine receptor candidate genes», *Small Business Economics*, 36(2), 151-155.

Project Nourished—A gastronomical virtual reality experience. (2017). Obtenido en: <http://www.projectnourished.com>.

RANASINGHE, N., NAKATSU, R., NII, H. y GOPALAKRISHNAKONE, P. (junio de 2012), «Tongue mounted interface for digitally actuating the sense of taste». En *2012 16th International Symposium on Wearable Computers* (pp. 80-87), Piscataway, NJ, IEEE.

ROSER, M. (2 de diciembre de 2017), «Fertility rate». *Our World In Data*. Obtenido en: <https://ourworldindata.org/fertility/>.

SMITH, D. J., ANDERSON, J., ZAMMIT, S., MEYER, T. D., PELL, J. P. y MACKAY, D. (2015), «Childhood IQ and risk of bipolar disorder in adulthood: Prospective birth cohort study», *British Journal of Psychiatry Open*, 1(1), 74-80.

WADHWA, V., SAXENIAN, A. y SICILIANO, F. D. (octubre de 2012), *Then and now: America's new immigrant entrepreneurs, part VII*, Kansas City, MO, Ewing Marion Kauffman Foundation.

¿Quieres ser grande? Comienza por lo ínfimo. ¿Quieres construir
un edificio de gran altura? [...] Cuanto más elevado sea,
tanto más profundos has de cavar los cimientos.

San Agustín

Me levanto por la mañana debatiéndome entre un deseo
de mejorar el mundo y un deseo de disfrutar del mundo.
Esto hace que sea difícil planificar el día.

E. B. White

7

ARMONÍA

Unir todo

**En donde la dopamina y las moléculas del aquí
y ahora encuentran un equilibrio.**

EL FRÁGIL EQUILIBRIO ENTRE LA DOPAMINA Y LOS NEUROTRANSMISORES DEL AQUÍ Y AHORA

Un hombre de mediana edad fue a ver a un especialista para tratar su depresión. Además de sentirse triste

y desesperado, tenía una obsesión insana por el futuro. Rumiaba sobre todo lo que podría ir mal, temiendo de manera constante que se produjera una catástrofe desconocida. Su energía psíquica se agotaba debido a la preocupación, y se volvió frágil a nivel emocional. Perdía los estribos ante la más mínima provocación. No podía coger el tren para ir a trabajar porque no soportaba que otros pasajeros lo empujaran involuntariamente o incluso lo tocaran. Había noches en que su mujer se despertaba a las tres de la madrugada y se lo encontraba llorando. Dijo: «Cuando una rueda se pincha, una persona normal llama a la asistencia en carretera. Yo llamo al teléfono de la esperanza».

Se le prescribió el tratamiento habitual para la depresión, un antidepresivo que altera el modo en que el cerebro usa la serotonina, el neurotransmisor del aquí y ahora, y respondió muy bien. Al cabo de un mes, más o menos, su estado de ánimo mejoró poco a poco hasta que volvió a sentirse radiante y alegre. Se tornó más resiliente y fue capaz de disfrutar de las cosas buenas de la vida. Ello supuso un alivio para su mujer, asimismo. Pensó que sería interesante probar una dosis más alta de la medicación, solo para ver qué pasaría, y su médico estuvo de acuerdo. «Me sentí muy bien —dijo en la siguiente visita—. Estaba tan feliz que no necesitaba hacer nada. No había motivo alguno para levantarme de la cama por la mañana.» Él y su médico decidieron reducir la dosis al nivel previo y recuperó su equilibrio emocional.

La desmesurada reacción que tuvo este paciente a un antidepresivo serotoninérgico se da solo en algunas personas que tienen la combinación correcta de genes y entorno. Pero ilustra bien cómo alguien puede verse incapacitado tanto por una atención excesiva en el futuro como por un disfrute excesivo del presente.

La dopamina y los neurotransmisores del aquí y ahora evolucionaron para trabajar juntos. A menudo actúan oponiéndose entre sí, pero eso ayuda a mantener la estabilidad entre la activación constante de las células cerebrales. En muchos casos, sin embargo, la dopamina y los neurotransmisores del aquí y ahora pierden el equilibrio, sobre todo por el lado dopaminérgico. El mundo actual nos impulsa a ser todo dopamina, en todo momento. Demasiada dopamina puede llevar a una tristeza fructífera, mientras que demasiados neurotransmisores del aquí y ahora pueden llevar a una indolencia feliz: el ejecutivo adicto al trabajo frente a quien vive en un sótano y fuma marihuana. Ninguno de los dos lleva una vida verdaderamente feliz ni crece como persona. Para vivir bien, tenemos que devolverles el equilibrio.

De manera instintiva, sabemos que ninguno de los dos extremos es saludable, y esa tal vez sea una de las razones por las que nos gustan las historias de personas que comienzan con un exceso de una u otra y al final encuentran el equilibrio. La película *Avatar* es un ejemplo de alguien que empieza con demasiada dopamina. A Jake, un antiguo marine, lo contratan para trabajar en el cuerpo de seguridad de una empresa minera. La empresa tiene la intención de explotar los recursos naturales de una luna llamada Pandora, que está cubierta de bosques vírgenes y poblada por los na'vi, una raza de humanoides que viven en armonía con la naturaleza. Los na'vi adoran a una diosa llamada Eywa. Es un ejemplo clásico de dopamina frente a neurotransmisores del aquí y ahora.

Para aprovechar al máximo los recursos que puede extraer, la empresa minera planea destruir el Árbol de las Almas sagrado, que se interpone en su camino. Horrorizado ante el plan, Jake rechaza sus orígenes dopaminérgicos, se une a los na'vi del aquí y ahora y establece relaciones afiliativas cercanas con los miembros de la tribu. Sumando sus destrezas dopaminérgicas con su capacidad recién adquirida para trabajar con los na'vi, los organiza y los lleva a vencer a las fuerzas de seguridad de la empresa minera. Al final, con la ayuda del Árbol de las Almas, Jake se convierte en un na'vi y consigue el equilibrio.

El clásico de los años ochenta *Entre pillos anda el juego* nos lleva a un punto de equilibrio desde la dirección opuesta. Billy Ray Valentine es un mendigo irresponsable. Es vago, indulgente y no piensa ni por un segundo en el futuro. Se convierte en el sujeto de un experimento en el que su vida se intercambia con la de un exitoso corredor de materias primas, que es su reflejo opuesto. A medida que Billy Ray acumula riqueza, rechaza su antiguo modo de vida despreocupado y se vuelve responsable. En una escena, invita a un grupo de viejos amigos a una fiesta en su mansión y se enoja de forma inusitada cuando vomitan en su alfombra persa. Al final, participa en un plan muy elaborado que lo hace rico y lo devuelve a una vida de placer, pero con un conjunto de capacidades nuevas.

¿Cómo puede encontrar el equilibrio una persona normal? Es poco probable que cualquiera de nosotros renuncie al mundo moderno para vivir con una tribu que adora a los árboles. Tenemos que encontrar el equilibrio de otros modos. La dopamina por sí sola nunca nos satisfará. No puede dar satisfacción, igual que un martillo no sirve para enroscar un tornillo. Pero nos promete de manera constante que la satisfacción está a la vuelta de la esquina: un dónut más, un ascenso más, una conquista más. ¿Cómo nos podemos librar de este círculo vicioso? No es fácil, pero hay maneras.

MAESTRÍA: EL PLACER DE SER BUENO EN ALGO

La maestría es la habilidad para sacar el máximo provecho de una serie de circunstancias concretas. Uno puede lograr la maestría en el videojuego *Pac-Man*, en ráquetbol, en cocina francesa o depurando un complicado programa informático. Desde el punto de vista de la dopamina, la maestría es buena, algo deseable que se ha de perseguir. Pero es distinta de otras cosas buenas. No se trata simplemente de encontrar comida o una nueva pareja, o derrotar a la competencia. Es más grande y más general que eso. Es el logro de obtener una recompensa: la dopamina que consigue la finalidad de la dopamina. Cuando se alcanza la maestría, la dopamina ha llegado a la cima de sus aspiraciones: exprimir hasta la última gota de un recurso disponible. De eso se trata. Es el momento de disfrutar del ahora, del presente. La maestría es el punto en que la dopamina se doblega ante los neurotransmisores del aquí y ahora. Después de haber hecho todo lo que puede, la dopamina se toma un descanso y deja que estos neurotransmisores hagan lo que quieran con nuestra felicidad. Aunque sea de forma breve, la dopamina no lucha contra este sentimiento de alegría. Le da su aprobación. No hay mayor placer que disfrutar de un trabajo bien hecho.

La maestría también crea una sensación que los psicólogos llaman un locus interno de control. Esta expresión hace referencia a la tendencia a ver las decisiones y experiencias personales como si estuvieran bajo el control de uno mismo en lugar de estar determinadas por el destino, la suerte u otras personas. Es una buena sensación. A la mayoría de las personas no les gusta estar a merced de fuerzas que escapan a su control. Los pilotos dicen que, cuando vuelan con mal tiempo, es menos estresante estar sentado a los mandos que en la cabina. Es lo mismo que conducir en medio de una tormenta de nieve. Muchos preferirían estar en el asiento del conductor que en el del acompañante. Además de hacer que la gente se sienta bien, un locus interno de control hace asimismo que sean más eficaces. Las personas con una fuerte sensación de locus interno de control son más propensas a conseguir buenos resultados académicos y trabajos bien remunerados.

Quienes tienen un locus externo de control, en cambio, se toman la vida con más calma. Algunos son felices, tranquilos y de trato fácil, pero al mismo tiempo suelen culpar a los demás de sus fracasos y a veces no son capaces de mantener un esfuerzo continuado. Los médicos a menudo se frustran con este tipo de personas. Tienden a no hacer caso al facultativo, y no es fácil convencerlas de que se responsabilicen de su salud tomando su medicación diaria y llevando una vida sana.

El desarrollo de un locus interno de control, al igual que la alegría (aunque solo sea durante un rato), son algunas de las muchas ventajas de lograr la maestría en una actividad. Pero supone muchísimo tiempo y esfuerzo, además de un ejercicio mental constante. Dominar una habilidad exige a un estudiante salir de manera constante de su zona de confort. En cuanto un pianista toca bien un tema fácil, tiene que empezar con uno más difícil. Supone un gran esfuerzo, pero también puede proporcionar una gran alegría. Quienes no desisten suelen sentir que mereció la pena. Puede generar la convicción de que han encontrado su pasión, algo que los absorbe tanto que se meten de lleno.

LAS RECOMPENSAS DE LA REALIDAD

¿Qué piensas cuando te lavas los dientes? Seguramente no piensas que te los estás lavando. Es más probable que estés pensando en cosas que tienes que hacer a lo largo del día, a lo largo de la semana o en algún otro momento en el futuro. ¿Por qué? Tal vez sea una costumbre. Tal vez sea una preocupación. Tal vez temas que, si no piensas en el futuro, te perderás algo. Pero casi seguro que no. Y al no pensar en lo que estás haciendo, seguro que te perderás algo, algo que quizá nunca notaste antes, algo inesperado.

Lo que más le gusta a la dopamina por encima de todo es el error de predicción de recompensa, que, como ya hemos visto, consiste en descubrir que algo es mejor de lo que habíamos previsto que fuese. Paradójicamente, la dopamina hace todo lo posible para evitar esas predicciones incorrectas. El error de predicción de recompensa sienta bien porque los circuitos dopaminérgicos se entusiasman ante el hecho de que hay algo nuevo e inesperado que va a mejorar tu vida. Pero ser sorprendido por un nuevo recurso imprevisto implica que este no se está aprovechando del todo. Así que la dopamina se asegura de que la sorpresa que tan bien sienta nunca vuelva a ser una sorpresa. La dopamina destruye su propio placer. Es frustrante, pero es la mejor manera de seguir vivos. ¿Qué podemos hacer para que las sorpresas continúen llegando?

La realidad es la fuente más rica de lo inesperado. Las fantasías que evocamos en nuestra mente son previsibles. Volvemos a lo mismo una y otra vez. De vez en cuando se nos ocurrirá una idea original, pero no es frecuente, y suele pasar cuando prestamos atención a algo más, no cuando intentamos forzar nuestra creatividad para que se ponga en marcha.

Prestar atención a la realidad, a lo que de verdad estás haciendo en cada momento, maximiza el flujo de información que llega al cerebro. Maximiza la capacidad de la dopamina para hacer nuevos planes, porque, para crear modelos que predecirán con precisión el futuro, la dopamina necesita datos, y los datos provienen de los sentidos. Es la colaboración entre la dopamina y los neurotransmisores del aquí y ahora.

Cuando algo interesante activa el sistema dopaminérgico, prestamos atención. Si somos capaces de activar nuestro sistema del aquí y ahora cambiando el enfoque hacia fuera, el mayor nivel de atención hace que la experiencia sensorial sea más intensa. Imagina que estás caminando por una calle en un país extranjero. Todo es más emocionante, incluso observar los edificios, los árboles y las tiendas normales. Dado que nos encontramos en una situación nueva, la información sensorial es más intensa. Ahí radica buena parte del placer de viajar. Lo mismo sucede al revés, también. Sentir una estimulación sensorial aquí y ahora, sobre todo en un entorno complejo (llamado a veces un entorno enriquecido), conlleva que los recursos cognitivos dopaminérgicos del cerebro funcionen mejor. Los entornos más complejos, los que están más enriquecidos, suelen ser los naturales.

¡ADELANTE! HAZ UNA MICROPAUSA...

La naturaleza es compleja. Está compuesta por sistemas con muchas partes que interactúan entre sí. Características inesperadas surgen como resultado de numerosos elementos que se influyen mutuamente. Hay un nivel de detalle virtualmente ilimitado por explorar. También la percibimos como algo bonito, inspirador, a veces tranquilizador y otras vigorizante. La doctora Kate Lee y un equipo de investigadores de la Universidad de Melbourne, Australia, analizaron los efectos cognitivos de un contacto con la naturaleza de apenas cuarenta segundos usando una imagen de un edificio urbano con un tejado cubierto de hierba y flores. Lo compararon con los efectos de una imagen de un edificio parecido recubierto de hormigón.

Para determinar el impacto de estas escenas diferentes, los investigadores pidieron a un grupo de estudiantes que hicieran un ejercicio de concentración. En una pantalla se mostraban rápidamente números aleatorios, y los alumnos tenían que pulsar un botón en cuanto los veían. Pero tenían que contenerse cuando el número era un tres. Disponían de menos de un segundo para reaccionar y debían hacerlo doscientas veinticinco veces seguidas. Es un esfuerzo considerable que requiere una gran concentración y motivación para hacerlo bien. Los investigadores pidieron a los estudiantes que realizaran esta tarea dos veces, con una «micropausa» de cuarenta segundos en medio.

Los estudiantes que observaron la imagen de las flores y la hierba entre la primera y la segunda prueba cometieron menos errores que los que habían visto el tejado de hormigón. Los investigadores sospecharon que la explicación más plausible a esta diferencia estaba en que la escena de la naturaleza estimulaba tanto la «activación cerebral subcortical» (dopamina del deseo) como el «control de la atención cortical» (dopamina del control). Un periodista del *Washington Post*, al comentar el estudio, señaló que «los tejados urbanos cubiertos de hierba, plantas y otros tipos de vegetación están ganando popularidad en todo el mundo [...] [Facebook] instaló recientemente en sus oficinas de Menlo Park, California, una gigantesca cubierta vegetal de tres hectáreas y media». Este enfoque arquitectónico, usando estimulación del aquí y ahora para activar la dopamina, no solo es bueno para el alma, también puede serlo para los resultados financieros.

... Y NO INTENTES HACER MIL COSAS A LA VEZ

Casi cualquier experiencia mejora al poner nuestra plena atención en ella.
KELLY MCGONIGAL, profesora de Dirección de Empresas,
Escuela de Negocios de Stanford

Pese a lo que los adictos a la tecnología puedan pensar, la multitarea, o prestar atención a más de una cosa a la vez, es imposible. Cuando intentas hacer más de una cosa, como hablar por teléfono mientras lees un correo electrónico, desvías la atención de una tarea a otra y eso acaba afectando a las dos. Unas veces haces una pausa mientras lees el correo electrónico para escuchar a la persona que está al teléfono; otras dejas de escuchar mientras te concentras en el correo electrónico. La persona con la que estás hablando puede notarlo. Es evidente que no le estás prestando plena atención y pasas por alto información importante. En lugar de aumentar tu eficacia, la «multitarea» la disminuye.

Aza Raskin, experto en experiencia del usuario y diseñador jefe del navegador web Firefox 4, pone un ejemplo. Deletrea en voz alta, de una en una, «Las joyas son brillantes» mientras escribes tu nombre. ¿Cuánto tardas? Ahora deletrea en voz alta, de una en una, «Las joyas son brillantes», y luego, cuando hayas acabado, escribe tu nombre. ¿Cuánto has tardado? Seguramente, más o menos la mitad que con la «multitarea».

También cometes más errores cuando intentas hacer muchas cosas a la vez. Las interrupciones de solo algunos segundos, el tiempo que tardas en consultar el correo electrónico y volver atrás, pueden duplicar el número de errores que cometes en una tarea que requiere concentración. La distracción no es la única causa de los errores; pasar de una tarea a otra consume energía mental, y la fatiga dificulta la concentración. Aun así, la gente lo hace, sobre todo quienes trabajan con ordenadores.

Un estudio de la Universidad de California, en Irvine, en colaboración con Microsoft y el Instituto Tecnológico de Massachusetts, hizo un seguimiento de los hábitos laborales de personas que estaban casi todo el día conectadas a internet. El tiempo medio que pasaban en una tarea antes de cambiar a otra era tan solo de 47 segundos. A lo largo del día, pasaban de una tarea a otra más de cuatrocientas veces. Quienes pasaban menos tiempo antes de saltar a otra cosa tenían niveles de estrés más altos y finalizaban menos tareas; entre otras razones, porque repetían la acción de «pasar de una tarea a otra» cuatrocientas veces en lugar de una sola vez después de terminar cada tarea. Además de reducir la productividad, unos niveles altos de estrés también provocan fatiga y desmotivación.

EL ALTO PRECIO DE VIVIR EN EL FUTURO

Pasar la vida en el mundo abstracto, irreal y dopaminérgico de las posibilidades futuras tiene un precio, y ese precio es la felicidad. Investigadores de la Universidad de Harvard descubrieron esto al desarrollar una aplicación de teléfono inteligente que animaba a los voluntarios a comunicar en tiempo real sus pensamientos, sentimientos y acciones mientras llevaban a cabo sus actividades diarias. El objetivo del estudio era saber más sobre la relación entre una mente errante y la felicidad. Se presentaron más de 5.000 voluntarios de ochenta y tres países para participar en el estudio.

La aplicación se ponía en contacto con los voluntarios en distintos momentos para pedirles datos. Les preguntaba: «¿Cómo te sientes ahora?», «¿Qué estás haciendo ahora mismo?» y «¿Estás pensando en otra cosa distinta de la que estás haciendo?». La gente respondía «sí» a la última pregunta la mitad de las veces, al margen de lo que estuvieran haciendo. Todas las actividades daban el mismo valor de divagación mental excepto el sexo, que conseguía muy bien mantener la atención de la gente. En cualquier otra situación, sin embargo, era tan frecuente pensar en otras cosas que los investigadores determinaron que una mente errante, lo que los científicos llaman pensamiento independiente del estímulo, era el modo predeterminado del cerebro.

Cuando analizaron la felicidad, vieron que la gente era menos feliz cuando su mente divagaba, y, una vez más, daba igual de qué actividad se tratase. Tanto si estaban sentados, trabajando, viendo la televisión o socializando, eran más felices si prestaban atención a lo que hacían. Los investigadores concluyeron que «una mente humana es una mente errante, y una mente errante es una mente infeliz».

Pero ¿qué pasa si te da igual la felicidad? ¿Qué pasa si eres tan dopaminérgico que lo único que te importa es el éxito? Da igual, porque no importa lo genial, original o creativo que seas, tus circuitos dopaminérgicos no van a lograr mucho sin la materia prima que proporcionan los sentidos del aquí y ahora.

La piedad de Miguel Ángel, que representa a la Virgen María sosteniendo a su hijo muerto, transmite de manera poderosa las ideas abstractas del dolor y la aceptación. Pero para llevar a cabo la idea del artista fue necesario un bloque de mármol. La belleza triste de María es una representación idealizada de la femineidad, pero Miguel Ángel no podría haber concebido esta imagen si no hubiese usado sus ojos para estudiar a mujeres reales y sus emociones para sentir un pesar auténtico en el aquí y ahora.

Al pasar tiempo en el presente, obtenemos información sensorial de la realidad en la que vivimos y permitimos que el sistema dopaminérgico la use para crear planes que saquen el máximo partido a la recompensa. Las impresiones que absorbemos tienen la capacidad de inspirar un aluvión de ideas nuevas, potenciar nuestra habilidad para encontrar soluciones novedosas a los problemas a los que nos enfrentamos. Y eso es algo maravilloso. Crear algo nuevo, algo que nunca se ha ideado antes, es, por definición, sorprendente. Debido a que siempre es nuevo, crear es el placer dopaminérgico más duradero.

Avívala

La creatividad es una forma excelente de combinar la dopamina con los neurotransmisores del aquí y ahora. En el capítulo 4 hablamos de un tipo concreto de creatividad, una creatividad que se logra desmantelando los modelos de realidad convencionales. Es una creatividad fuera de lo común que lleva al creador, enfrascado en su trabajo, a descuidar todos los demás aspectos vitales, como la familia y los amigos. Aisladas y obsesionadas, las personas con ideas innovadoras suelen sentirse insatisfechas. Predomina la dopamina y se debilitan los circuitos del aquí y ahora. Pero existen otras formas más ordinarias de creatividad que cualquiera puede poner en práctica, actos de creación que fomentan el equilibrio y no tanto el dominio dopaminérgico.

Labrar la madera, tejer, pintar, decorar y coser son actividades pasadas de moda a las que no se les presta mucha atención en nuestro mundo moderno, cuando eso es precisamente de lo que se trata. Estas actividades no requieren aplicaciones telefónicas o internet de alta velocidad. Precisan cerebros y manos que trabajen juntos para crear algo nuevo. Nuestra imaginación concibe el proyecto. Desarrollamos un plan para llevarlo a cabo. Luego, nuestras manos lo hacen realidad.

Un ejecutivo que trabajaba en el ámbito de los servicios financieros pasaba sus jornadas dándole muchas vueltas a las opciones de compra de acciones, los activos por derivados financieros, los tipos de cambio y otros seres imaginarios. Era rico e infeliz. Su infelicidad lo llevó a visitar a un especialista en salud mental, y algunos meses después volvió a descubrir su pasión por la pintura, una afición que había abandonado hacía varias décadas. «No veo la hora de llegar a casa tras el trabajo —le dijo a su médico—. La noche pasada pinté durante cuatro horas y el tiempo se me pasó volando.»

No todo el mundo tiene tiempo o ganas de aprender a pintar, pero eso no significa que la creación de belleza esté fuera de nuestro alcance. Los libros de colorear para adultos han desconcertado a algunos y complacido a muchos. A primera vista parecen una tontería, ¿por qué necesitan los adultos colorear libros? Pero sirven para aliviar el estrés al ofrecer una vía de escape del mundo desequilibrado y dopaminérgico. Los libros de colorear para adultos cuentan con diseños geométricos bonitos y abstractos: abstracciones dopaminérgicas combinadas con una experiencia sensorial.

Los niños también necesitan trabajar con las manos. En 2015, la revista *Time* publicó un artículo titulado «Why Schools Need to Bring Back Shop Class» [Por qué los colegios tienen que recuperar las clases de manualidades]. Trabajar con taladros y sierras de carpintero, con el aroma del serrín alrededor, supone un agradable respiro a los rigores intelectuales de las clases teóricas. Lijar un trozo de madera hasta que esté «suave como el culito de un bebé», como dice un profesor de manualidades, es un gozo que pocos pueden experimentar en estos tiempos. Y la casita para pájaros que surge al final de todo, un pequeño milagro. Fijarse en esto es un oasis de paz donde la mente puede decir: «Lo he hecho yo».

Muchas personas han crecido en un hogar donde el padre tenía un banco de trabajo en el garaje. Hoy en día son menos comunes, pero arreglar cosas es un placer inigualable. Cada tarea es un problema que se ha de resolver —una actividad dopaminérgica—, y entonces la solución se hace realidad. A veces, reparar cosas requiere creatividad porque no disponemos de las herramientas o los materiales necesarios. Por ejemplo, darse cuenta de que un cortaúñas se puede usar como una tenaza para cortar alambre. Arreglar cosas potencia asimismo la autoeficacia y aumenta la sensación de control: los neurotransmisores del aquí y ahora ofrecen una recompensa dopaminérgica.

Cocinar, cuidar el jardín y hacer deporte son algunas de las actividades que combinan la estimulación intelectual con la actividad física de una forma tal que nos satisfará y nos llenará. Estas actividades pueden hacerse toda la vida sin volverse aburridas. Podrías conseguir algunas semanas de emoción dopaminérgica comprando un reloj suizo caro, pero al final es solo un reloj. Lograr un ascenso a director regional hace que al principio ir a trabajar sea emocionante, pero al final se convierte en la rutina de siempre. La creatividad es distinta porque combina los neurotransmisores del aquí y ahora con la dopamina. Es como mezclar un poco de carbono con hierro para fabricar acero. El resultado es más resistente y duradero. Eso es lo que ocurre con el placer dopaminérgico cuando le añades el aquí y ahora físico.

Pero muchas personas ni se molestan en dedicarse a actos de creación como dibujar, tocar música o el aeromodelismo. No existe ningún motivo práctico para hacer estas cosas. Cuesta hacerlas, al menos al principio, y seguramente no nos harán ganar dinero ni prestigio ni nos garantizarán un futuro mejor. Aunque tal vez nos hagan felices.

El poder está en tus manos

En 2015, TINYpulse, una consultoría que ayuda a los directivos a aumentar el compromiso de los empleados, hizo una encuesta a más de 30.000 trabajadores en más de quinientas empresas. Les preguntaron sobre sus directivos, sus compañeros y el desarrollo profesional. Pero en realidad la encuesta tenía que ver con la felicidad.

TINYpulse señaló que nadie había hecho antes una encuesta de este tipo. Los analistas de gestión en general no parecían darle mucho valor a la felicidad. No obstante, TINYpulse creía que la felicidad era fundamental para el éxito de una empresa, así que la analizaron en una gran variedad de sectores, entre ellos los glamurosos ámbitos de la tecnología, las finanzas y la biotecnología. Ninguno de ellos ocupó el primer lugar. Las personas más felices eran los obreros de la construcción.

Los obreros de la construcción cogen ideas abstractas y las hacen realidad. Usan la cabeza y las manos. También gozan de un alto grado de compañerismo. Cuando TINYpulse analizó los motivos por los que los obreros de la construcción se sentían felices, el más frecuente era: «Trabajo con gente estupenda». Un jefe de obra dijo: «Una cosa que une a todos al final de la jornada es relajarse un poco con unas cervezas y charlar tanto de lo bueno como de lo malo». Las relaciones afiliativas en el contexto del entorno laboral desempeñaban un papel clave: trabajo y amistad, dopamina y neurotransmisores del aquí y ahora.

El segundo motivo más importante para ser feliz que indicaron los obreros de la construcción era: «Me

entusiasman mi trabajo y los proyectos», un motivo dopaminérgico. Los autores del informe señalaron asimismo que el sector de la construcción había registrado un
fuerte crecimiento el año anterior, crecimiento que se
reflejaba en un aumento salarial, otro aporte dopaminérgico. Alcanzar la felicidad precisa tanto de dopamina
como de neurotransmisores del aquí y ahora, la condición del ser que el filósofo Aristóteles consideraba el objetivo de todos los demás objetivos.

Nuestros circuitos dopaminérgicos son los que nos hacen humanos. Son los que dan a nuestra especie su poder
especial. Pensamos. Planeamos. Imaginamos. Elevamos
nuestros pensamientos para reflexionar sobre conceptos
abstractos, como la verdad, la justicia o la belleza. En
esos circuitos vamos más allá de todos los obstáculos del
espacio y el tiempo. Prosperamos en los entornos más
hostiles, incluso en el espacio, gracias a nuestra capacidad para dominar el mundo que nos rodea. Sin embargo,
estos mismos circuitos también nos pueden llevar por
un camino más oscuro, un camino de adicción, traición
y tristeza. Si aspiramos a ser geniales, probablemente
tendremos que aceptar el hecho de que comportará sufrimiento. Lo que hace que nos quedemos en el trabajo
mientras los demás disfrutan de la compañía de familiares y amigos es el estímulo de la insatisfacción.

Pero quienes preferimos una vida plena y feliz tenemos una tarea distinta: encontrar la armonía. Debemos

superar la seducción de la interminable estimulación dopaminérgica y darle la espalda a nuestra sed infinita de «más». Si somos capaces de combinar la dopamina con los neurotransmisores del aquí y ahora, podemos conseguir esa armonía. Que todo sea dopamina constantemente no es el camino al mejor futuro posible. Es la labor conjunta de la realidad sensorial y el pensamiento abstracto lo que libera todo el potencial del cerebro. Si funciona de manera óptima, es capaz de generar no solo felicidad y satisfacción, no solo riqueza y conocimiento, sino también una mezcla rica de experiencia sensorial y sabio conocimiento, una mezcla que nos puede guiar hacia una forma de ser humanos más equilibrada.

LECTURAS COMPLEMENTARIAS

GLORIA, M., IQBAL, S. T., CZERWINSKI, M., JOHNS, P. y SANO, A. (2016), «Neurotics can't focus: An in situ study of online multitasking in the workplace», en *Proceedings of the 2016 CHI Conference on Human Factors in Computing Systems*, Nueva York, NY, ACM.

KILLINGSWORTH, M. A. y GILBERT, D. T. (2010), «A wandering mind is an unhappy mind», *Science*, 330(6006), 932-932.

LEE, K. E., WILLIAMS, K. J., SARGENT, L. D., WILLIAMS, N. S. y JOHNSON, K. A. (2015), «40-second green roof views sustain attention: The role of microbreaks in attention restoration», *Journal of Environmental Psychology*, 42, 182-189.

MOONEY, C. (26 de mayo de 2015), «Just looking at nature can help your brain work better, study finds», *Washington Post*. Obtenido en: <https://www.washingtonpost.com/news/energy-environment/wp/2015/05/26/viewing-nature-can-help-your-brain-work-better-study-finds/>.

RASKIN, A. (4 de enero de 2011), «Think you're good at multitasking? Take these tests», *Fast Company*. Obtenido en: <https://www.fastcodesign.com/1662976/think-youre-good-at-multitasking-take-these-tests>.

ROBINSON, K. (8 de mayo de 2015), «Why schools need to bring back shop class», *Time*. Obtenido en: <http://time.com/3849501/why-schools-need-to-bring-back-shop-class/>.

TINYpulse (2015), *2015 Best Industry Ranking. Employee Engagement & Satisfaction Across Industries*.

AGRADECIMIENTOS

Le estamos muy agradecidos al doctor Fred H. Previc por su libro *The Dopaminergic Mind in Human Evolution and History*. El libro nos dio a conocer la diferencia fundamental entre la orientación al futuro de la dopamina y la orientación al presente de otro grupo de neurotransmisores. Está escrito sobre todo para investigadores, pero, si alguien está interesado en un análisis más profundo de la neurobiología de lo que ofrece este libro, lo recomendamos encarecidamente.

Gracias a nuestras agentes, Andrea Somberg y Wendy Levinson, de la agencia Harvey Klinger, que comprendieron de inmediato lo que estábamos haciendo y nos dieron la validación que habíamos esperado encontrar. Gracias también a Glenn Yeffeth, nuestro editor de BenBella, cuyo entusiasmo y experiencia nos hicieron sentir cada vez más cómodos. Gracias asimismo al equipo de BenBella, en particular a Leah Wilson, Adrienne Lang, Jennifer Canzoneri, Alexa Stevenson, Sarah Avinger, Heather Butterfield y a todos los que trabajaron en nuestra obra, aunque ni siquiera llegáramos a conocerlos. Además, un agradecimiento especial al extraordinario corrector James M. Fraleigh. Podría mejorar incluso esta frase, y seguramente mientras duerme.

Dan quiere agradecer al doctor Frederick Goodwin sus numerosos años de tutoría. El doctor Goodwin es uno de los mayores expertos en trastorno bipolar. Me hizo ver la relación entre la inmigración y los genes bipolares, y me sugirió asimismo que consultara el libro clásico de Tocqueville *La democracia en América* para entender mejor la naturaleza de Estados Unidos en el siglo XIX. Gracias a los Asociados de la Facultad de Medicina de la Universidad George Washington por la oportunidad de ejercer la psiquiatría en un entorno académico dinámico y el privilegio de tratar a personas con trastornos mentales. La disposición de mis pacientes a compartir conmigo su sufrimiento, sus triunfos, esperanzas y miedos es una fuente constante de inspiración que agradezco. Gracias también a los estudiantes de medicina y a los médicos residentes que hacen preguntas difíciles y fastidiosas, lo que me obliga constantemente a reconsiderar mis conocimientos sobre el funcionamiento del cerebro.

Mike quiere dar las gracias a los primeros lectores, Greg Northcutt y Jim y Ellen Hubbard, que confirmaron que habíamos convertido la ciencia en algo apasionante. Gracias a John J. Miller por su ejemplo de profesionalidad y a Peter Nash por la inspiración personal. Gracias también a mis alumnos de la Universidad de Georgetown, quienes me recuerdan que buena parte de la escritura consiste en pensar. No sabría cómo contar una historia si no fuera por el difunto Blake Snyder, y no sabría cómo cantarla sin Vince Gilligan; gracias, caballeros. Gracias asimismo a mi hermano Todd por sus bromas diarias. Sigue así. ¡Venga! Gracias, mamá.

Dan quiere dar las gracias a su mujer, Masami, por su apoyo, optimismo y buen humor. Cuando los baches en el camino para terminar este libro me hicieron dudar de mí mismo, esas dudas desaparecieron en cuanto se las transmití a ella. Gracias a mis hijos, Sam y Zach, que me alegran la vida y me obligan a crecer como persona.

Michael quiere dar las gracias a su mujer, Julia, por los últimos dos años de más libertades. Siempre dejas que despotrique, luego me besas en la frente y me dices que puedo hacerlo de todos modos. Gracias también a mis hijos, Sam, Madeline y Brynne, por fingir interés incluso cuando no os interesaba. Os quiero.

Los autores queremos mostrar nuestro agradecimiento al restaurante TGI Fridays, cerca de la Casa Blanca, donde tantas veces nos entregábamos a la dopamina del control y del deseo. Ahí se gestó la planificación y la idea que al final daría paso al trocito de realidad que tienes ahora en las manos.

Por último, este libro empezó como una intentona de dos amigos tan poco interesados en aficiones normales como la pesca y el béisbol que lo único que podíamos hacer juntos era comer más a menudo o escribir un libro. Seguimos siendo amigos, aunque en un par de ocasiones a punto estuvimos de dejar de serlo.

DANIEL Z. LIEBERMAN y MICHAEL E. LONG,
febrero de 2018

ÍNDICE TEMÁTICO